国家自然科学基金资助项目“提高牧民福祉视角下草原牧区生态移民典型绿色社区重构及评价”研究成果(51868060)

内蒙古草原牧区典型定居点预评价与绿色营建

王伟栋　白　胤　编著

内容简介

本文来源于国家自然科学基金资助项目“提高牧民福祉视角下草原牧区生态移民典型绿色社区重构及评价”（51868060），分为三部分。上篇：典型移民定居点特征及现状。中篇：典型定居点规划建设预评价体系构建。下篇：典型定居点绿色营建模式。

上篇：介绍研究背景并重点通过建筑单体、生态能源利用状况等方面阐述典型定居点特征和现状。中篇：主要介绍内蒙古草原牧区典型定居点的预评价体系。体系以绿色生态的人居环境、健康持续的牧区经济、源远流长的牧民文化、健全合理的社会体系为准则层，以及之下25个指标项反映了牧民对生态移民定居点建设的真实期望。下篇：主要对内蒙古中部草原牧区生态移民定居点规划布局，建筑单体营建做法的绿色性、生态性与科学性进行逐步分析与探讨，并以包头市达茂旗忽吉图嘎查为研究对象，对生态移民定居点的聚落选址、定居点布局、院落空间、建筑形态、建筑构造、建筑结构及材料等方面进行优化改造设计。

图书在版编目(CIP)数据

内蒙古草原牧区典型定居点预评价与绿色营建：国家自然科学基金资助项目“提高牧民福祉视角下草原牧区生态移民典型绿色社区重构及评价”研究成果 / 王伟栋，白胤编著. — 天津：天津大学出版社，2021.1

ISBN 978-7-5618-6762-4

Ⅰ. ①内… Ⅱ. ①王… ②白… Ⅲ. ①牧区－居住建筑－建筑设计－研究－内蒙古 Ⅳ. ①TU241.4

中国版本图书馆CIP数据核字(2020)第169685号

出版发行 天津大学出版社
地　　址 天津市卫津路92号天津大学内(邮编:300072)
电　　话 发行部:022-27403647
网　　址 www.tjupress.com.cn
印　　刷 廊坊市海涛印刷有限公司
经　　销 全国各地新华书店
开　　本 185mm×260mm
印　　张 12.5
字　　数 312千
版　　次 2021年1月第1版
印　　次 2021年1月第1次
定　　价 62.80元

凡购本书，如有缺页、倒页、脱页等质量问题，烦请与我社发行部门联系调换

版权所有　　侵权必究

前　言

从 2001 年内蒙古实施大规模的生态移民工程开始，距今已有十多年的历程，在这期间生态移民一直备受社会各界专家学者的关注。

综观已有研究成果，多数是从社会学、经济学或者管理学角度，自上而下地对内蒙古生态移民的政策实施效益、战略意义等方面进行的研究。以建筑学为专业背景，以自下而上与自上而下相结合的方式，对内蒙古中部草原牧区移民定居点进行预评价的研究较为缺少。建筑策划中的预评价在建筑全建设周期中意义重大，其主要是为了反馈、修正和指导空间构想，是构想的辅助环节，也是建筑策划达到最高水平的关键，所以对内蒙古中部草原牧区移民定居点预评价体系的研究具有较为重要的意义。

课题组对国内外绿色社区评价体系以及国内外生态乡村建设进行充分研究，作者对牧民定居点建设进行了积极的思考，并总结出了评价体系构建的相关启示，为预评价体系的研究奠定了丰厚的理论基础；课题组以"定居点后评价调研表"为调研提纲，对内蒙古中部的包头市、锡林郭勒盟的 13 个定居点进行了实地调研，收集整理了相关数据，对预评价体系表进行修正和完善；课题组以国家及地方出台的相关政策文件，包括《美丽乡村建设指南》（GB/T 32000—2015）、《内蒙古自治区人民政府关于建立农村牧区人居环境治理长效机制的指导意见》（内政发〔2017〕92 号）、《内蒙古自治区国民经济和社会发展第十三个五年规划纲要》等为参考，构建出具有科学性、地域性的预评价体系表，旨在能为今后的牧区移民定居点建设提供参考依据，达到改善定居点人居环境、提高牧民福祉的目的。

本书上篇，主要介绍本书的研究背景、目的、内容等，对国内外相关研究现状和生态乡村建设现状进行综述，对内蒙古草原牧区定居点现状进行调研并加以分析。

本书中篇，试图构建生态移民定居点规划建设预评价体系。以往的评价体系自身存在一些缺陷，如难以对一些不能量化的指标进行评价，这样的指标项一般不纳入预评价体系中。若将这样的指标项以非量化指标的形式纳入评价体系中，则在使用时需由专家或有丰富经验的工作人员来决定其取值，这样大大降低了评价体系的实用性而导致其难以推广。针对这样的情况，本书在人居环境建设、经济发展建设、文化教育建设、社会体系建设4个方面进行了相应的补充，希望能为生态移民定居点的建设提供更加完善的参考依据。

本书下篇，从规划布局层面的角度，针对聚落选址、定居点布局和院落空间方面，运用生态建筑理论与相关节能软件，对内蒙古中部草原牧区生态移民定居点规划布局营建做法的绿色性、生态性与科学性进行逐步分析与探讨；从建筑单体层面的角度，针对建筑形态、建筑构造、建筑结构及材料3个方面，运用生态建筑理论、建筑物理学及相关节能软件，对内蒙古中部草原牧区生态移民定居点建筑单体营建做法的绿色性、生态性与科学性进行逐步分析和探讨；最后以包头市达茂旗忽吉图嘎查为研究对象，通过深入挖掘该生态移民定居点的聚落环境与民居营建问题的基础上，从规划布局与建筑单体的绿色生态设计理念入手，对该生态移民定居点的聚落选址、定居点布局、院落空间、建筑形态、建筑构造、建筑结构及材料等方面进行优化改造设计。

通过研究，作者尝试探寻适宜内蒙古草原牧区可持续发展的绿色生态设计理念，建立符合该区域的适应性绿色营建模式，以此为引导并延伸到内蒙古全区甚至国内牧区定居点的建设与研究之中，逐步探索出符合国家倡导的绿色、生态发展之路。

感谢国家自然科学基金“提高牧民福祉视角下草原牧区生态移民典型绿色社区重构及评价”（51868060）的支持，感谢课题组硕士研究生在参与课题研究时所付出地辛勤劳动，及为本书的出版提供的帮助。本书上篇由王伟栋撰写，中篇由王伟栋和王钦撰写，下篇由白胤和李康撰写。

由于作者水平有限，书中难免存在各种不足与谬论，敬请批评指正。

作者

2021年1月

目　录

上篇　典型定居点特征及现状

中篇 典型定居点规划建设预评价体系构建

下篇　典型定居点绿色营建模式

上　篇
典型定居点特征及现状

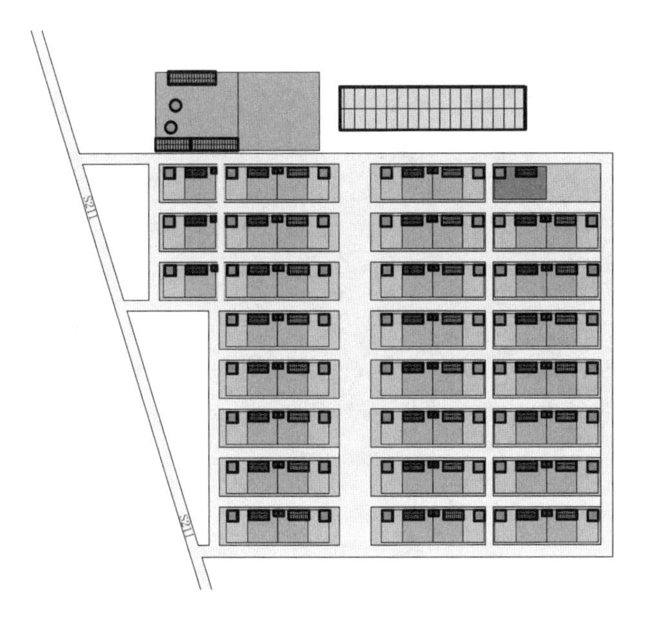

第1章 绪 论

1.1 研究背景

1.1.1 草原牧区定居背景

内蒙古自治区位于我国北方，呈狭长形，地域辽阔。内蒙古大草原作为我国边疆一道珍贵的生态屏障，具有十分重要的意义。其作为我国陆地上最大的生态调节系统，能维护环境稳定、防风固沙、净化空气以及涵养水源。此外，内蒙古大草原还是我国游牧文明的发源地。曾经的内蒙古大草原环境优美，土地肥沃。在20世纪50年代以后，由于牧民的过度放牧，以及当时由向工业化倾斜的政策所掀起的“不吃亏心粮”运动，导致大面积草原被开垦，出现了局部荒漠化的现象。再加上天然气开发等工业化的影响，以及草原自身的生态脆弱性，使得草原生态平衡进一步被打破，草原环境问题越来越突出。内蒙古自治区在2001年被列为国家第一批生态移民试点地区，自治区政府出台了《内蒙古自治区人民政府批转自治区发展计划委员会关于实施生态移民和异地扶贫移民试点工程意见的通知》（内政发〔2001〕57号），坚持以政策为引导，以群众自愿参与为主要原则，在全区范围内对严重荒漠化地区、草原严重退化地区以及水土流失严重地区开始实施大规模的生态移民。

从内蒙古自治区出台相关移民政策近20年以来，生态移民工程在生态环境恢复上取得了一定的成就。根据内蒙古官方2016年公布的全区第五次荒漠化和沙化土地监测结果，内蒙古荒漠化土地面积在2004年为6.224×10^5 km^2，到2014年下降到6.092×10^5 km^2；沙化土地面积在2004年是4.159×10^5 km^2，到2014年下降到4.078×10^5 km^2。同时生态移民工程也促进和推进了农牧业基础设施建设与小城镇建设。

但是也有相关学者指出生态移民工程存在很多问题。葛根高娃和乌云巴图提出，相关政府部门未能深刻理解生态移民的内涵与意义，有关的各种工程开展过于盲目与急躁。东日布对扎嘎斯台苏木的生态移民情况进行了研究，发现建设资金不足的问题严重影响着移民牧民的生活安置以及移民生产所需的基础设施建设。乌日套吐格则从民族文化的角度提出了生态移民的相关问题。同时，随着时间的推移，一些规划建设问题也相继暴露出来。比如前期的规划不合理，导致后期出现了牧民自搭自建的情况，很多奶牛村也出现了奶牛产业难以延续等问题，如图 1.1 所示。在作者看来，这一切问题的根源都在于没能真正重视牧民的福祉建设。

达茂旗东阿玛乌苏废弃的牲口棚

苏尼特右旗废弃的阿尔善图移民定居点

正蓝旗塔本敖都嘎查废弃的牲口棚

镶黄旗温都日湖“奶牛村”自搭自建的房屋

镶黄旗移民新村自搭自建的房屋

正蓝旗巴彦乌拉嘎查自建的生产院落

图 1.1 内蒙古中部移民定居点现状

1.1.2 相关政策

《内蒙古自治区国民经济和社会发展第十三个五年规划纲要》明确提出了坚持共享发展，不断增进人民福祉的相关内容。其中对牧民移民后儿童的入学教育问题、牧民的就业培训以及相关基础设施的设立和更新等都做出了明确的规定。《内蒙古自治区人民政府关于建立农村牧区人居环境治理长效机制的指导意见》（内政发〔2017〕92 号）、《内蒙古自治区农村牧区人居环境整治三年行动方案（2018—2020 年）》（内党办发〔2018〕13 号）等相关文件提出对牧区环境以及牧民的生活供水设施、厕所等进行整治，提高牧民生活质量，增进牧民福祉。

1.2 研究目的与意义

1.2.1 研究目的

课题组在对内蒙古中部牧区生态移民定居点进行实地调研的基础上，结合草原牧区的实际情况，以提高牧民福祉为目的，利用层次分析法与熵值法相结合，建立了内蒙古草原牧区生态移民定居点预评价体系，旨在为生态移民定居点的建设提供可靠的参考依据，为内蒙古草原人居环境建设提供理论依据，丰富草原牧区人居环境研究体系。

1.2.2 研究意义

在理论方面，预评价体系利用大量的问卷调查以及实地调研所得到的数据作为构建依据，能够清晰准确地反映出牧民的真实需求以及迫切需要解决的问题，让人们更加真切地看到牧民所关心的福祉问题，希望能为以后的生态移民定居点建设研究提供参考。

在现实方面，预评价体系建立在对大量同类型项目进行使用后评估的基础上，预评价体系具有科学性、地域性、可操作性、参与性以及前瞻性。该研究采用了层次分析法与熵值法，使主观评价方法与客观评价方法相结合，最后得出的预评价体系不仅能够较为清晰、明确地反映牧民福祉的建设需求，还能够为内蒙古生态移民社区建设提供指导。

1.3 研究范围及概念界定

1.3.1 牧民

本书中所提及的牧民是指在生态移民点定居后仍以牧业为主要生产方式的生态移民定居者。一部分牧民在移民定居后转向以第二、第三产业为主要生产方式，就不在本书的研究范围之内。

1.3.2 牧民福祉

党的十八大报告提出：建设生态文明，是关系人民的福祉、关乎民族未来的长远大计。面对资源约束趋紧，环境污染严重、生态系统退化的严峻形势，必须树立尊重自然、顺应自然、保护自然的生态文明理念，把生态文明建设放在突出地位，融入经济建设、政治建设、文化建设、社会建设各方面和全过程，努力建设美丽中国，实现中华民族永久发展。党的十九大报告同样指出建设美丽中国关乎人民福祉，关乎民族未来。牧民福祉建设真切地关系到牧民的生产与生活，在经过大量网络调研与实地调研后，结合国家相关文件精神，作者将牧民福祉归纳总结为四个方面：绿色生态的人居环境，健康持续的牧区经济，源远流长的牧民文化，健全合理的社会体系（图1.2）。

其中，绿色生态的人居环境主要是指牧民的生活环境，包含选址与城镇中心的距离、人车专用道路硬化率、生活污水处理率、生活用水卫生合格率、硬质健身场地面积、生活院落面积、生活住房面积、户用卫生厕所普及率、垃圾收集点服务半径等指标项。健康持续的牧区经济主要描述牧民的生产,包含草料种植面积、生产空间面积、绿色建筑比例、清洁能源普及率、便民超市面积五个方面。牧民文化指标主要包括生态环境与健康意识宣传率、体育活动室面积、双语幼儿园面积、公众参与度、文化活动室面积五个方面。希望从牧民幼儿教育、草原生态文化、牧民习俗文化等方面使牧民文化得以延续和发展。健全合理的社会体系主要描述生态移民社区的社会基础设施保障,主要包括卫生所面积、兽医站工作人员数量、通电覆盖率、通话覆盖率、公共厕所服务半径、通广播电视覆盖率六个方面。

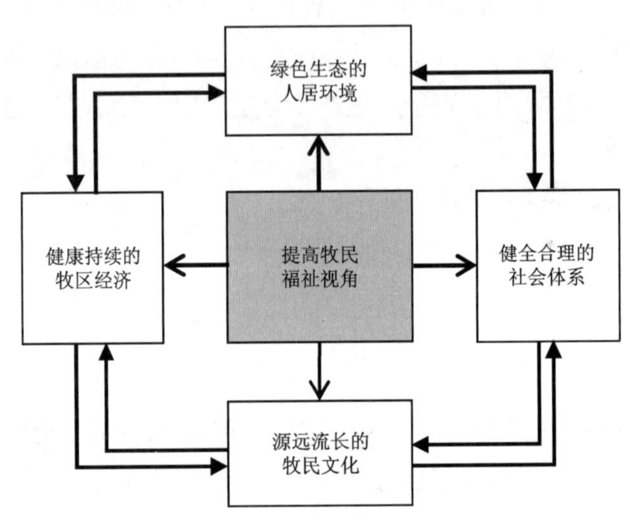

图 1.2 提高牧民福祉视角组成要素

1.3.3 草原牧区

本书以内蒙古中部地区为主要研究区域,在查阅相关资料后发现目前对于“内蒙古中部”没有一个明确的定义,也就是说从不同角度来看会有不同的划分标准。本书研究所指的内蒙古中部地区,以草原类型进行划分,由西向东包括鄂尔多斯、包头市、呼和浩特市、乌兰察布市以及锡林郭勒盟 5 个盟市,其草原类型主要包含草原荒漠化、荒漠草原、典型草原三大类。

其中,乌兰察布市四子王旗属于内蒙古的 33 个牧业旗之一,因其周围的移民定居点的牧民大多养殖奶牛,旗政府所在地乌兰花镇于 2006 年建立了两个奶站。但是在三聚氰胺事件之后,各地区奶牛养殖业均受到影响,奶站相继关闭,养殖户所剩无几。课题组经过网络调研以及从当地居民处了解得知,现在四子王旗几乎没有符合调研要求的生态移民定居点。

呼和浩特市移民村的村民主要是从其他旗县(市)迁移过来的,比如乌兰察布、赤峰市、鄂尔多斯市及镶黄旗等。虽然移民后有部分村民仍旧养殖奶牛，但是该村村民从事第二产业与第三产业的比重相对较大，不符合本课题的调研要求。

鄂尔多斯市的生态移民措施以改善农业生产方式、加快调整产业结构、提高农民生活水平、促进城镇化进程为主。以牧业为主的生态移民比例较低，不符合研究主题。

最终，课题组确定对内蒙古中部包头市达尔罕茂明安联合旗及锡林郭勒盟部分旗县（市）草原牧区中的13个移民定居点进行实地调研，该地区属于牧业旗县（市），由于草原生态环境问题较为突出，移民后的牧民仍以畜牧业为主要生产方式，是内蒙古草原牧区生态移民的典型区域，具有一定的覆盖面和代表性。

1.3.4 生态移民定居点

即使在同一个盟市，由于地域辽阔，不同地区生态荒漠化的程度也有所不同，在政策的引导下移民定居后，牧民的主要生产方式也会有所差别。除了一部分定居点的牧民以牧业为主要生产方式外，还有一些定居点的牧民改为以第二产业或第三产业为主要生产方式。本书研究所指的生态移民社区只是以牧业为主要生产方式的牧民的移民定居点，以其他生产方式为主的牧民的定居点不在本书的研究范围之内。

1.3.5 预评价体系

建筑策划中的预评价其内容是参考同类建筑的使用后评估结果的，是针对策划、构想空间性能的；其目的是对当前建筑策划的空间构想进行反馈修正；其对象是建筑策划的构想模型；其操作者以建筑师与策划师为主。预评价在建筑全建设周期中意义重大，主要是为了反馈修正和指导空间构想，是构想的辅助环节，也是建筑策划达到最高客观和理性的关键。

1.4 国内外生态移民理论研究

1.4.1 国外生态移民理论研究

自20世纪50年代以来，世界人口增长迅速，其中以发展中国家的人口增长最为迅速，人类日益增长的物质需求与环境承载力之间的矛盾越来越明显，也越来越突出。20世纪80年代以后，亚非拉的一些发展中国家出现生态恶化以及贫困等问题，而且范围很广，从而导致一大批新形式的移民出现。经济与环境的恶化在这些发展中国家中，已经成为一种很普遍的现象，这也使环境恶化问题与贫困问题上升为世界性难题，需要全世界来共同克服。这时，移民与环境影响之间的关系就受到了国内外相关领域学者的重视。与此同时，移民问题也受到了世界更多的关注。人类学、社会学、人口学、生态学等不同学科的理论与研究方法被引入并应用在各种不同的相关研究中，移民动机与整合、生态移民、民族文化与移民的社会适应性等方面的问题被视为重点。在大量专家努力合作之下，较为合理的，具有普遍性、系统性的移民政策、措施得以提出。

发展中国家的生态恶化与贫困是许多国外专家和学者在研究初期的主要研究出发点。专家和学者们对移民与生态的关系、移民的作用以及移民行为的可行性进行了详细的分析，从不同视角来对非洲、亚洲等地的发展中国家出现的环境移民问题进行研究分析。因此，“环境难民”一词最开始被 Lester Brown 在 20 世纪 70 年代提出，由国外专家和学者研究并引用。1985 年，联合国环境署 EI-Hinnawi 对“环境难民”进行了定义：“由于明显的生态环境破坏，使得人们的生产与生活质量受到严重影响，甚至威胁到生存，从而选择迁移的人（这种迁移可以是短时间的迁移，也可以是长时间的迁移）。”此定义也是至今应用得最为广泛的。1998 年，瑞士举办的国际人口、贫困和环境关系研讨会提道：人口压力是导致地区环境严重恶化以及人口贫困的重要因素之一，生态移民能有效地解决贫困问题、人口问题以及环境问题。全世界各个领域的专家学者都不约而同对“环境难民”进行调研，并且在调研之后提出了不同领域对于“环境难民”的看法。Norman Myers 是英国环境及生物多样性学家，其在研究和调研之后，从环境学专业特点出发对“环境难民”做出了新的定义：“由于气候干旱，土壤侵蚀、盐渍化、荒漠化，过度砍伐、开采等环境问题，结合人口压力等环境承载能力问题、贫穷等社会化经济问题，致使其生计问题无从保障的人。”在对“环境难民”如“环境移民”概念的辨析中，“难民”与“移民”的界定在支持与反对者中存在很大的争议。而“生态移民”的说法在日后的研究过程中慢慢地成为主流，并且一直沿用至今。

国外机构和学者对我国西部干旱地区已经进行了为期多年的研究，且研究较为详细和深入，其中日本综合地球环境学研究所的研究是较为典型的，该研究所对中国甘肃黑河流域的生态移民进行了持续研究，研究大多侧重于从社会学、生态学的角度进行，其研究的人文色彩较为浓重。在研究中，学者经过大量的调研分析，对定居牧民的生计方式和收入水平做了详细的记录和对比，最后以牧民生活水平的提高或下降为依据来评议我国的生态移民政策。Wang Kai 对生态移民的社会文化、经济、资源环境等各方面的影响因素进行了对比研究，最后得出结论——经济政策是影响生态移民实施效益的主要因素。Gongbuzeren、Fan Mingming 等学者在其研究中提出了与 Wang Kai 的结论十分相近的观点，在他们研究中都认为不适宜的政策必然会加剧当地的生态和社会问题。Miao Renhui 以锡林郭勒盟为例进行了相关研究，最后的结论肯定了内蒙古荒漠化综合治理的成效，并以此为研究中心，希望能探索出适合更广泛范围的移民政策。

（1）关于草原牧区定居点的研究

欧美国家的游牧民族在20世纪基本完成了定居。由于社会制度的原因，其定居之前多以国有牧场和集体牧场存在，与现在所讲的游牧定居大不相同，因而国外关于游牧民族定居方面的文献资料相当匮乏。

国外最早实施游牧民定居工程的是苏联的中部地区，其中的典型代表是吉尔吉斯斯坦（20世纪40年代基本完成定居工程）和哈萨克斯坦（20世纪60年代完成定居工程）。到了20世纪80年代其游牧民定居点已有相当规模，在配套设施、医疗、教育等方面都有所提高。这些定居工程发展迅速的主导原因是政府行为，政府促进经济发展，使得定居点很快融入生产和生活，但留下的相关文献很少，特对已有重要文献进行分析和整理。

Mora Aliseda. J的研究利用多变量分析法建立一个针对定居点的评价体系，并对西班牙牧区定居模式做了相关分析，其最初研究的出发点是强调自然环境现状与定居点的紧密联系。Roth E. A.、Fratkin E. 等人对北非的Rendille地区的定居模式进行研究，认为该定居现状没有形成或可归纳为一个完整的定居模式。Alsayyad N. 发表论文《定居、文化与发展：一个拉丁美洲和中东地区非正式定居比较分析》，比较了拉丁美洲和中东地区定居现状，提出没有形成完整的模型覆盖定居点。Glem J. M.、Wolfe J. M. 等人对特立尼达和多巴哥两个新建的定居点进行分析和调研，试图建立一个针对定点的规范化的规划模式，这种尝试被后来的社区基础模型所取代。《干旱，游牧，草原——中国干旱地区草原畜牧经营》由日本北海道大学农学部长七户长生与中国社会科学院农村发展研究所丁泽霁共同著作，主要研究中国草原各方面的社会发展问题，例如社会结构经济体制、牧民定居状况、商品经济发展等。

（2）关于绿色建筑方面的研究

随着现代工业化的发展，建筑能源消耗与草原环境保护成为社会的主要议题，出现了资源、能源与生态等各方面的问题，绿色建筑在这样的背景下应运而生。

20世纪60年代，美籍意大利建筑师保罗·索勒瑞，首次将生态与建筑合称"生态建筑"，即"绿色建筑"，使人们对建筑本质有了新的认识。20世纪80年代，欧美大力倡导绿色建筑体系，并应用于实践。进入21世纪，绿色建筑在理论方法建构、综合技术系统研发与应用、示范项目设计与建设实践等方面形成了从综合性、系统性、多学科交叉等为特征的绿色系统架构。目前，各国的绿色建筑评估体系也逐步建立和完善。

绿色建筑在多方面、多领域得到发展，被世界各国大力提倡，建立生态移民定居点绿色营建模式可以充分借鉴国内外绿色建筑的技艺和方法。

1.4.2 国内生态移民理论研究

国内对生态移民的研究较为丰富,主要包括以下几种类型:生态移民的概念、生态移民的分类、生态移民的效益评估以及生态移民的战略意义等。

1)生态移民的概念。"生态移民"一词在国内最早是在任耀武、袁国宝和季风瑚的研究论文《试论三峡库区生态移民》中提出的。包智明和孟琳琳在《生态移民研究综述》中指出:生态移民的概念主要包括两个方面的含义,移民行为和移民主体。其中,生态移民行为是指把生态环境脆弱或者已经遭到破坏难以继续生存地区的居民转移出来,将他们集中在新的定居点居住,用以保护和恢复生态、促进经济发展的活动;移民主体指那些在生态移民行为过程中被转移出来的居民。葛根高娃及乌云巴图在其研究成果中提出,生态移民行为是由于生态环境恶化,从而导致人们的生产和生活受到了严重的影响,使得人们不得不更换生活地点,以及改变生产生活方式的一种经济行为。

2)生态移民的分类。皮海峰在其研究成果《小康社会与生态移民》中提出了六种不同类型的生态移民目的:以保护江河源头为目的;以防沙治沙、保护草原为目的;以防洪减灾、根治水患为目的;以兴修水利电力工程为目的;以扶贫开发为目的;以保护自然保护区内稀有动植物或名胜风景区为目的。

包智明在其研究论文《关于生态移民的定义、分类及若干问题》中将生态移民按照不同的分类标准进行了详细的分类,共四大类:第一类是按照是否由政府主导,分为自发生态移民和政府主导生态移民两种;第二类是按照居民是否有迁移决定权,分为非自愿生态移民和自愿生态移民;第三类是按照迁移的整体性,分为整体迁移生态移民和部分迁移生态移民;第四类是按照居民移民后从事的主导产业,分为牧业转农业型、非农牧业型、舍饲养畜型和产业无变化型生态移民。

3)生态移民的效益评估。近几年,学者们越来越关注生态移民效益评估的研究。广大学者对生态移民的正、负两方面的效应都进行了充分研究。从总体上来看,大部分人认为我国进行生态移民是正效应大于负效应的,大多数人认为生态移民是有效改善环境恶化区域群众生活方式的有效途径。

东日布、刘学敏通过对内蒙古阿鲁科尔沁旗和伊克昭盟(鄂尔多斯市的旧称)的生态移民实地调查研究后,在经济效益、生态效益和社会效益三个方面对当地的生态移民给出了肯定答案。徐红罡通过对阿拉善盟的生态移民进行实地研究后指出了生态移民的弊端,他指出依靠实施生态移民来缓解生态压力只是在短时间内有效,而且效益是有限的,生态移民政策不能作为解决环境问题的根本性战略,只能作为辅助措施加以利用。史俊宏、赵丽娟在对巴彦淖尔市乌拉特中旗的生态移民进行实地调研后,得出的观点与徐红罡的观点基本一致，他们也认为生态移民只能作为辅助性措施。焦克源在对阿拉善孪井滩生态移民进行实地研究后，也指出了生态移民存在的负面效应，那就是有可能造成新的环境退化。苏大学在对生态移民进行研究后也指出，如果生态移民处理不好，不仅原来的环境问题得不到解决，还有可能会产生新的环境问题。

张瑞霞在其研究论文《基于可持续生计视角下生态移民的效益评价》中，主要针对移民安置实际发生的情况，从牧户切身生计为出发点，研究安置区移民的生存状况，以此来构建生态移民效益体系，并在此基础上运用因子分析和双重查分法两种科学研究法分别对该地区生态移民的社会效益及经济效益进行了较为详细的分析，最后指出生态移民虽然拓宽了牧户的收入渠道，但是生态移民的社会效益评价一般，而且就业问题突出，移民的经济效益未得到有效提高。马斌在《内蒙古阿拉善盟生态移民工程效益评价研究》中，以内蒙古阿拉善盟生态移民为主要研究对象，通过问卷调查和访谈等方式，对生态移民工程所产生的经济、社会、文化与心理及生态效益从微观层面进行了研究。最后得出了较为肯定的结论，即阿拉善盟的生态移民工程综合效益总体比较显著，阿拉善盟的经济、社会、文化、心理和生态效益均有较大程度的提高。闫爽在《包头市达茂旗生态移民后民生改善状况研究》中以达茂旗（全区唯一一个全面禁牧的地区）作为调研区域进行了详细研究，采用跨学科研究、查找阅读文献资料、实地调研、深入农牧民家中进行访谈等科学研究方式，对达茂旗生态移民后，牧民的民生改善情况等进行了系统的分析和深入的研究，最后得出的结论是达茂旗生态移民后的民生改善存在很多问题，如牧民转移后收入差异较大，移民后草原畜牧业生产受挫、难以延续，移民后牧民就业面较窄等。

4）生态移民的战略意义。众多专家学者从生态、经济和社会三个方面宏观论述了生态移民的战略意义。梅花在其研究论文《生态移民战略研究——以宁夏为例》中指出，生态移民能够有效促进沙漠地区与黄土高原地区之间国土资源的合理开发和有效利用，这对于建设“绿色生态屏障”、实现贫困地区人口合理再分布有着积极的作用。葛根高娃和乌云巴图认为，实施生态移民工程是内蒙古自治区实现可持续发展，实现全面建设小康社会目标以及建设草原绿色屏障的重要战略举措，具有长远而积极的意义。东日布在其研究中提出，生态移民是对草原牧区传统观念的更新，能完善、发展和延续当前牧区的经济政策。初春霞等在《内蒙古生态移民面临问题及其对策》中指出，在内蒙古的部分地区实施生态移民政策，对于生态环境建设、社会稳定、民族团结、消除贫困、产业结构调整等方面都有积极意义。

（1）关于内蒙古草原牧区定居点的研究

关于内蒙古草原牧区定居点的研究，其相关重要文章如下。马明的博士论文《新时期内蒙古草原牧民居住空间环境建设模式研究》对内蒙古牧民居住空间环境进行了研究，就牧区现存的人居环境形式，探寻传统建筑的建筑语汇与技术模式，针对生态移民定居点的空间环境做了相应的调查、分析和研究。王伟栋的博士论文《游牧到定牧——生态恢复视野下草原聚落重构研究》进行了基于生态恢复视野下的草原聚落(家庭草场)重构研究,并建立了草原聚落人居环境科学理论体系,提出了生态化设计策略。

荣丽华的硕士论文《内蒙古中部草原生态住区适宜规模及布局研究》从人类是草原生态环境的改造者出发,运用城镇规划的专业知识,针对内蒙古中部草原地区,进行适宜规模及布局的草原生态住区研究。谢威的硕士论文《内蒙古中部草原住区构成模式适宜规模研究》是荣丽华的硕士论文研究的延续,两篇论文都对生态移民定居点做了相应的内容说明。李多慧的硕士论文《从游牧到定居生活方式的转型研究》主要就定居现象的起源、发展及变化特点进行阐述,并基于城市规划角度,对定居点建设提出策略和方法,进行实际案例研究。

(2)关于生态移民定居点绿色建筑方面的研究

提高民居生命力在于发展生态住区与生态民居。关于北方生态民居方面,西安建筑科技大学绿色建筑研究中心的研究人员,特别是刘加平院士和他的学生所做的"北方民居庭院空调效应研究"和"阳光间式太阳房热过程理论研究"等课题成果中,研究内蒙古生态民居的文章很多,值得我们借鉴。

与内蒙古生态民居相关的重要文章主要有刘铮的硕士论文《蒙古族民居及其环境特性研究》,其系统研究了蒙古族民居的变化过程、现有形态及其相应环境特性,并利用建筑物理学知识,探讨了民居环境与发展的内在规律。缪百安的硕士论文《四子王旗草原民居生态设计初探》以四子王旗草原民居为例,提出民居周边环境的生态补偿规划的思路,同时也设计了绿色型民居单体。通过上述内容可知,关于内蒙古生态民居的研究有很多,这对于后续研究生态移民定居点绿色建筑方面提供了参考依据。

1.5 主要研究内容与技术路线

1.5.1 主要研究内容

本研究以可持续发展、生态文明建设、美丽乡村建设、新农村建设、绿色低碳等领域的相关理论为指导,以提高牧民福祉为目标,构建初步的评价体系与评价标准,并以大量已投入使用的生态移民定居点为调研对象,经过实地调研后,收集整理相关数据,建立预评价体系表。希望能为以后草原牧区生态移民定居点的建构与评价提供一定的参考依据。具体内容如下。

(1)国内外评价体系研究

国内外现有评价体系主要包括三种类型:单一指标评价体系、专题指标评价体系以及综合指标评价体系。

单一评价体系对研究对象的基本情况阐述较多,指标数量较为庞大,但是每项指标对具体数据的综合归纳程度较低,描述的内容也有所欠缺,很难真实全面地反映研究对象的全貌。

专题指标评价体系是对特定的某一领域进行研究,比如教育、健康、公共安全等。

综合指标评价体系是在一个特定的研究框架中,对大量数据进行收集整理,更加真实准确地反映出评价对象的方方面面。这样系统的分层评价体系一般会涉及诸多因素,比如社会、经济、环境、制度以及人文等,这些因素都将体现在一个整体的评价概念模型中,不仅结构层次清晰,而且系统性很强。本书研究所建立的评价体系就是这种评价体系。

国外的社区评价体系一般都是立足于自己国家的国情,以绿色建筑评价体系为基础,将评价对象向社区延伸,如美国的 LEED-ND 社区规划与发展评价体系、英国的 BREEAM Communities 可持续社区评价体系等。

社区的建设在国内一直深受重视,所以社区建设的评价也受到了各方人士的关注和重视。自 20 世纪 90 年代以来,国家相关部门陆续制定了众多设计标准和技术导则,为我国的社区建设提供了充足的依据和评价标准,比如《绿色生态小区建设要点与技术导则》《中国生态住宅技术评估手册》《中国绿色低碳住区技术评估手册》等。同时,全国各地区根据自身的地区特点制定了适应自身地区的生态住区建设技术规范,比如天津、上海、北京等都对生态住区建设进行了积极的探索。

(2)内蒙古草原牧区生态移民研究

锡林郭勒盟的锡林浩特市、苏尼特右旗、正蓝旗、镶黄旗等旗县(市)都是以奶牛养殖为主导产业。锡林浩特市内部分牧民在生态移民后迁入距市区 5 km 的奶牛村;苏尼特右旗部分生态移民迁入赛罕塔拉镇以及周边设立的生态移民村;正蓝旗和镶黄旗生态移民定居点的选址大多都在城镇中心附近,一般以养殖业为主导产业。

达茂旗政府在 2008 年为确保生态的自然恢复,对生态被严重破坏的地区实行了严格的禁牧,并采取了多样化措施来实施生态移民政策,例如减少牲畜、转移牧民,按照牧民意愿将牧民安置在畜牧业产业发展较好的 23 个生态移民园区和 8 个饲草料基地,其主要目的是为了鼓励牧民从事牲畜的舍饲圈养和高效精养,其余不愿意再从事牧业的牧民转移到城镇地区从事第二、第三产业。

(3)预评价评价体系的建立

以国内外现有的评价体系和政府有关社区建设的文件为参考依据,在对众多移民定居点进行实地调研的基础上,结合内蒙古草原牧区生态移民的地方特色来建立具有地域性的预评价评价体系,同时尽可能保证预评价体系具有较高的科学性、可操作性、参与性与前瞻性。

1.5.2 研究方法

(1)调查法

调查法是最常用的科学研究方法之一,其综合了多种学科的研究方式,调查法能对各种现象进行周密的、计划的和系统的了解,并对资料进行有效的处理,为人们提供规律性的知识。

(2)文献研究法

文献研究法是以研究的目的或课题为出发点,以查找文献为主要的资料获取方式,能较为全面、准确地了解和掌握所要研究的问题。文献研究法的使用范围很广泛,其不仅能帮助研究者了解有关问题的历史和现状,帮助确定研究课题,而且能形成关于研究对象的一般印象,有助于观察和访问,同时能得到比较现实的资料,最后,还有助于了解事物的全貌。

(3)跨学科研究法

跨学科研究法也称交叉研究法,是运用多学科的成果理论及研究方法对某一课题进行研究的方法。科学发展既是高度分化的,又是高度综合的,是一个统一的整体。将不同学科的优势集中在一起,有利于对单一学科问题开展研究与分析,更具有科学性与普遍性。

(4)系统分析法

通过阅读相关资料,以及实地调研考察,运用类比的方法系统分析生态移民定居点在规划布局、建筑单体与能源利用的共性营建经验。在进行生态移民定居点绿色营建模式研究时,充分将这些营建经验考虑进去,为牧民打造更加绿色、生态、环保的宜居环境。

(5)多学科交叉研究法

以建筑学、城市规划学科为主导,以社会学、生态学、人文地理学和环境心理学等学科为辅助,对目前存在的草原牧区生态移民定居点进行多方面分析,并结合相关学科的知识深层次地对绿色营建模式得出研究结果。

(6)归纳总结法

通过对相关文献和现场资料的收集总结,并结合现存生态移民定居点的共性营建经验,发现其中存在的问题,并以问题为出发点,考虑牧民实际的生产生活,进行相关绿色生态技术分析,最后应用于实际案例,进行优化改造设计。

1.5.3　技术路线

本书研究的技术路线如图 1.3 所示。

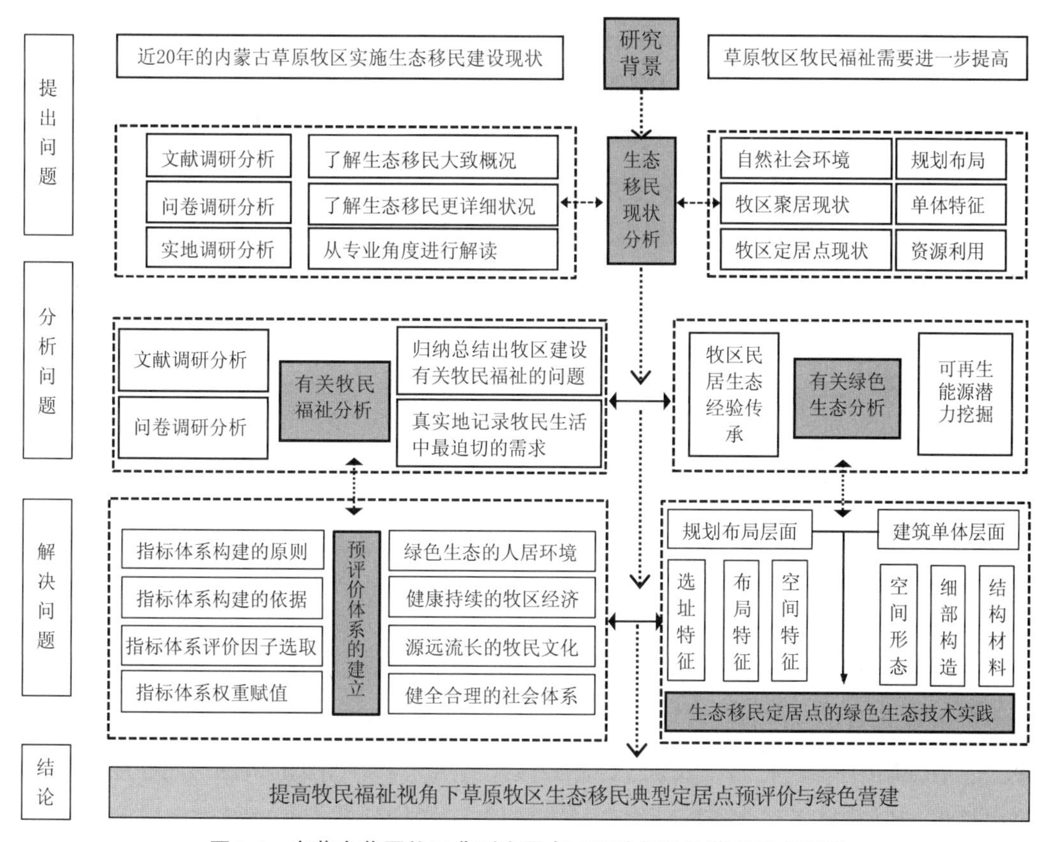

图 1.3　内蒙古草原牧区典型定居点预评价与绿色营建技术路线

1.6　评价方法概述

1.6.1　层次分析法

层次分析法是将一个复杂的目标系统按照层级划分为不同等级的指标，再将指标量化计算出各层级间的相对权重。一般分为目标层、准则层、指标项三个层级，有的评价体系表会进行更加详细的划分，从而出现更多层级的评价体系。其计算的数据来源于专家打分的结果，由于人为主观因素影响较大，所以属于主观的评价方法。层次分析法中最重要的两个步骤是专家打分以及对打分结果的一致性检验。

专家打分是对两个指标项之间相对重要度的比较,以1、3、5、7、9、1/3、1/5、1/7、1/9九个分值梯度为比较标准。在收集整理专家打分的问卷后,对打分结果进行统计分析。假设共有 m 份有效问卷,将各统计结果带入公式 $a_{ij}=(a_1+a_2+a_3+\cdots+a_m)/m$,求得两个指标项 (i,j) 之间最终的相对重要性数值。

虽然打分的专家学识渊博,经验丰富,但是对于众多指标项的打分难免会出现主观上的逻辑误差。一定程度内的误差是被允许且不可避免的,所以为了判断和限制专家打分的误差范围,需要对专家打分后的结果进行一致性检验,当检验的结果即随机一致性比率 CR 小于0.1时,表示误差在可接受范围内,当 CR 值大于或者等于0.1时,则表示误差较大,专家打分结果不能直接采用,需要将结果反馈给专家进行重新打分,再进行一致性检验,直到检验合格为止。一致性检验包括层次单排序的一致性检验和层次总排序的一致性检验,两个检验程序的合格标准都是一样的。层次单排序是指相邻两个层级之间,下层层级相对于上层层级的重要性排序。层次总排序是将指标项的各个元素对目标层进行相对重要性排序,层次总排序需在层次单排序的基础之上进行,充分利用层次单排序的计算结果来完成总排序的检验计算。

1.6.2 熵值法

在信息论中,熵是对事件不确定性的一种度量,当收集的信息量越大时,就表示事件的不确定性就越小,熵值就越小;收集的信息量越小时,事件的不确定性就越大,熵值就越大。根据熵的特性,我们可以通过计算熵值来判断一个事件的随机性与无序性程度,也可以根据熵值来判断某个指标项的信息离散程度,指标项的信息离散程度越大,表明该指标项对整体评价的影响越大。所以,可以根据指标项的信息离散程度计算出各指标项的权重。熵值法计算的依据是实地调研数据,属于客观性评价方法。

1.7 创新点

1.7.1 理论创新点

本研究以提高牧民生态福祉为目的,在查看大量文献后,作者又进行了问卷调研和实地调研,并对调研数据进行了细致的分析和整理,总结出了牧民福祉建设的相关指标项,使新建立的评价体系能够更全面地表达出牧民自身的想法,更加清晰、准确地反映出牧民的希望,为以后的牧民福祉建设研究提供了理论依据。

1.7.2　实际创新点

书中所建立的预评价体系能够较为清晰、准确和详细地反映出牧民的福祉问题，具有科学性、地域性、可操作性、参与性以及前瞻性，在一定程度上可以作为内蒙古牧区生态移民定居点建设的参考依据。

1.7.3　方法创新点

运用分类比较的方法，首次从规划布局、建筑单体与能源利用三方面系统分析内蒙古中部草原牧区生态移民定居点，探索其中营建做法所存在的共性演变规律。

鉴于自然与人文环境，对相关文献梳理以及实际调研现状，首次提出内蒙古中部草原牧区生态移民定居点的绿色生态技术方法，形成惯用的技术策略，并进行设计案例的科学化、本土化应用。

1.8　小结

内蒙古位于我国北方，地形狭长，地域辽阔。内蒙古草原作为我国边疆的一道生态屏障，有十分重要的作用，但是由于牧民过度放牧等原因，草原生态平衡遭到破坏，出现了局部草原荒漠化。内蒙古自治区在2001年出台了《实施生态移民和异地扶贫移民试点工程的意见》(内政发〔2001〕57号)，坚持以政策为引导，以群众自愿参与为主要原则，在全区范围内对严重荒漠化地区、草原严重退化地区以及水土流失严重地区开始实施大规模的生态移民。

内蒙古草原牧区孕育着悠久的历史与灿烂的文化，共有33个典型的纯牧业旗县(市)。在内蒙古实施生态移民工程近20年的历程中，一直备受社会各界专家、学者的关注。综观已有成果，虽然对内蒙古生态移民的研究内容丰富且正日益扩展，但是多数是从社会学、经济学或者管理学角度出发，对内蒙古生态移民的政策实施效益、战略意义等方面进行研究。而从建筑学研究视角自下而上与自上而下相结合对移民定居点的规划建设进行预评价的研究较少。

课题组对内蒙古中部包头市达尔罕茂明安联合旗及锡林郭勒盟部分旗县(市)草原牧区中的13个移民定居点进行了实地调研，该地区属于牧业旗县(市)，由于草原生态环境问题较为突出，移民后的牧民仍以畜牧业为主要生产方式，是内蒙古草原牧区生态移民的典型区域，具有一定的覆盖面和代表性。

第2章　国内外相关研究与生态乡村建设现状

本章主要分为两个部分,第一部分是国内外社区评价体系的对比研究,第二部分是对国内外生态乡村建设的研究。

世界上的评价体系表千差万别,但是总有相似之处。学习和参考其他类似的评价体系表对自身评价体系表的建立有很大的帮助,作者在前期通过网络调研的方式对众多的评价体系表进行了了解和学习,从指标构成、构建原则、使用方法等方面对评价体系表有了充分的认识,得到了评价体系表建立的相关启示:①注重评价体系的地域性特征(包括指标项的地域性特征、指标值的地域性特征、地域文化特征);②关注社区绿色经济的发展;③构建系统性的评价体系表。这些研究启示为新的评价体系表的建立打下了坚实的理论基础。

生态移民工程不仅要考虑对已破坏的生态环境进行修复,还要考虑新的移民点的绿色生态发展。对国内外生态乡村建设的研究引发了作者对于生态移民定居点建设的众多思考,把握国内外生态乡村建设的特点,总结出生态乡村建设的地域性启示、综合性启示、前瞻性启示,为移民定居点的环境、经济、文化、社会等多方面的建设做了深厚的理论铺垫,具有深刻的意义。

2.1　国内外绿色社区评价体系研究

在社会学中,社区是一个历史悠久的概念, Community 一词最先出现在亨利·詹姆斯·萨姆那·梅因于 1871 年撰写的著作《东西方村落共同体》一书中,直到 1981 年,"社区"的定义已经多达 140 多种,毋庸置疑,其数量还会随着时代的发展而不断增多。从现有的社区定义研究来看,社区的基本构成主要包括五个方面:第一是一定范围的地理区域;第二是拥有一定数量的人口;第三是同质性;第四是社区营造的凝聚力以及归属感;第五是与社区服务相配套的公共设施。

绿色社区则是一个较为新颖的社区发展理念,相对于传统的社区理念,其更加重视人性化设计与生态化设计,将社区发展、环境保护及人们的身心健康三者联系在一起,同时又与城市的经济增长、当下社会的绿色可持续发展理念相协调。

绿色社区评价体系是从绿色社区的定义出发建立的评价体系,包含社区规划、工程质量、环境建设、公众参与等要素,其通过合理的指标项对社区进行的综合评价。

2.1.1　研究对象基本情况概述

国内外的社区评价体系众多，本书选取应用最为广泛的英国 BREEAM Communities 可持续社区评价体系、美国 LEED-ND 社区规划与发展评价体系以及中国 2019 年正式实施的《绿色住区标准》（T/CECS 377—2018、T/CREA 001—2018）为例进行研究（表 2.1）。

表 2.1　研究对象基本情况

名称	BREEAM Communities	LEED-ND	《绿色住区标准》
国家	英国	美国	中国
颁布时间	2009 年	2009 年	2019 年
研发单位	英国建筑研究所	自然资源保护委员会； 美国绿色建筑委员会； 新城市主义协会	中国房地产业协会人居环境委员会 中国建筑标准设计研究院有限公司 中国城市规划设计研究院
影响力	首个被公认的绿色建筑评价体系，适合全球 40 多个国家使用	商业化最为成功的评价体系，适合全球 114 个国家使用	目前只适用于中国
一级指标	气候与能源、建筑、场所塑造、生态与生物多样性、资源、商业与经济、社区设计、创新、交通运输	精确选址与社区连通性、创新设计、绿色基础设施与建筑、社区规划与设计、区域优先	场地与生态质量、管理与生活质量、城市区域质量、绿色出行质量、建筑可持续质量、宜居规划质量、能源与资源质量
指标总数	71	68	186
特征	各区域权重由各区域专家组决定，在一些特定的指标上体现出区域的差异性。同时对每个指标项如何进行评价做了详细的讲解，增加了评价体系的可操作性	以众多现有的研究成果为基础，将其细分并量化为可操作的准则来指导实践，取得了实用性、科学性和操作性三方面的良好平衡	新版的《绿色住区标准》在旧版的基础上增加了绿色住区量化指标和评价体系，将绿色社区认定分为了预评价、中期评价以及验收评价，服务于社区建设的全生命周期

（1）英国 BREEAM Communities 可持续社区评价体系

1990 年，英国研发了全球第一例绿色建筑评价体系 BREEAM，其通过制定标准以提供最小化影响建筑环境的创新性方案。很多国家在制定评价体系时都以此为借鉴，参考其评价内容和评价方法。BREEM Communities 是一个基于 BREEAM 的第三方独立的社区评估标准，是 BREEM 评价体系的一个子系统，主要包括影响建筑环境规划发展目标的规划政策需求、环境、社会以及经济可持续性目标。BREEAM Communities 的评价目标是减少新项目对原环境的影响，使地区的发展目标符合当地社会利益以及经济利益，促进社区的可持续开发，确保可持续社区在建筑环境中能有效地体现。BREEAM Communities 评价得分包括 8 个方面的内容，评级体系会给出国家相关政策所规定的最低要求，有的评价体系还会提出强制性要求，以保障一些指标项的突出地位，当满足最低要求时可得 1 分，满足最高要求时能得 3 分。所有的评价项目只有满足全部强制性要求后，才能得到 BREEAM 社区最终的认证与评级，否则此项目将被认定为不及格。BREE-

AM Communities 评价分为 6 级：<25 分为未通过；≥ 25 分为通过；≥ 40 分为好；≥ 55 分为很好；≥ 70 分是优秀；≥ 85 分为杰出。

（2）美国 LEED-ND 社区规划与发展评价体系

LEED 是美国领先能源与环境设计（Leadship in Energy and Environmental Design）的缩写，其最早研发出的子项目是 LEED-NC（新建建筑），后来逐步完善成为包含 7 个品牌的综合评价体系。

LEED-ND 是 LEED 评估体系中层次最高的，该评价体系的构建历时 6 年，将美国各地区不同的生态社区计划整合在一起，构建成一个国家级的生态社区规划和发展评价体系，成为美国第一部面向社区规划和发展的评价标准与认证体系。

评价体系中表各大类指标评价项包括必备项和得分项两类，必备项是项目能够参与评定的先决条件，得分项并不是强制标准。项目总分值为 110 分，每个项目可以根据自身的建设环境特点选取评价体系所建议的相关建设措施。LEED-ND 认证级别从低到高共分 4 级，分别为：认证级（40 ~49 分），银级（50 ~59 分），金级（60~79 分），白金级（80 分以上）。

LEED-ND 的最大价值是将理论界多年的研究成果细分并量化为可操作的准则来指导实践，在实用性、科学性以及可操作性 3 个方面取得了良好的平衡。

（3）中国《绿色住区标准》（T/CECS 377—2018）

最新版的《绿色住区标准》（T/CECS 377—2018）（简称《标准》）自 2019 年 2 月 1 日开始施行。新《标准》是对 2014 版的修订，坚持生态优先、绿色发展、区域协同和创新驱动，并以新时期绿色高质量发展理念为导向，紧扣我国社区规划建设中的主要矛盾，为城市区域、街区构建、全寿命周期设计建造、宜居规划、通用设计和绿色生活方式等提供了更多的理论参考与创新思想，丰富了绿色住区评价体系，为促进绿色宜居住区提供了强有力的技术支撑。

在中央城市工作会议上，专家明确提出新修建的住宅小区要推广街区制，不再建设封闭性的小区，这表明《标准》的主旨核心应当是建立“开放小区”。《标准》在术语中明确界定：绿色住区的主要功能是居住，主要目标是居住区的可持续发展，其充分体现出以绿色人居理念来推进城市建设发展的目标。因此，绿色住区并不是传统形式的封闭式居住小区，而是已经涵盖了一定的城市功能，需要按照一定的城镇功能要求来实现绿色城区的规划建设目标。

《标准》中的各评价指标分值设定为：场地与生态质量 100 分；能源与资源质量 180 分；城市区域质量 170 分；绿色出行质量 100 分；宜居规划质量 200 分；建筑可持续质量 150 分；管理与生活质量 100 分；总计分数为 1 000 分。各项指标的最终得分以众多专家评分的平均值为计算标准。在《标准》中设置了绿色发展创新的加分项，加分最多为各项分值的 10%。最后依据总得分将评定结果划分为三个等级，总分低于 700 分但是高于或等于 600 分为 A 等级；总分低于 800 分但是高于或等于 700 分为 AA 等级；总分在 800 分及以上为 AAA 等级。

2.1.2　社区评价体系对比分析

社区评价体系一般都由三个等级的指标组成，一级指标是评价体系的目标层；二级指标是准则层，是对一级指标的详细描述；三级指标是对二级指标更加详细的解释和具体的操作措施，其一般主要包括基础项（强制项）、得分项和加分项。基础项是评价体系的门槛，只有达到这个门槛才有资格参与后续的评级；得分项是针对各个评级指标所设定的分值，评价体系使用者根据实际情况对项目各指标进行打分，汇总取平均值得到得分项的最后结果；加分项是为了鼓励建设项目的绿色创新，项目在一定程度上的创新能得到相应的加分。最后，所有分值相加得到最终得分，不同的评价体系指标项不尽相同，其主要是因为指标制定的背景以及目的各不相同。

将三个评价体系的指标项进行分类统计可以得到图 2.1~ 图 2.4，将它们的指标项按能源、交通、规划设计、管理与生活、资源、生态、建筑单体、经济、创新重新排列得到表 2.2。通过对以上图表的观察分析，发现三个评价体系具有以下特征。

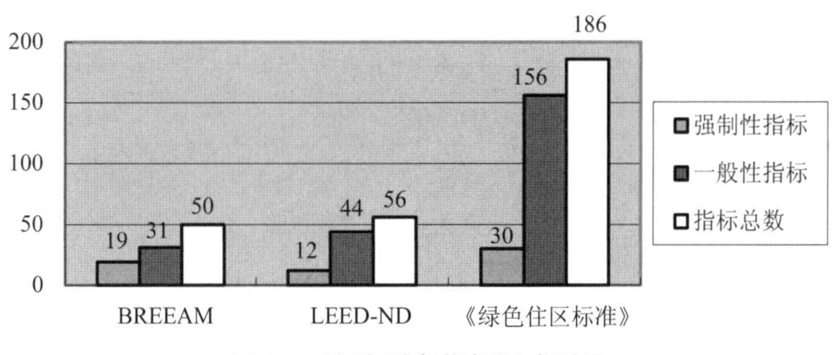

图 2.1　研究对象指标组成对比

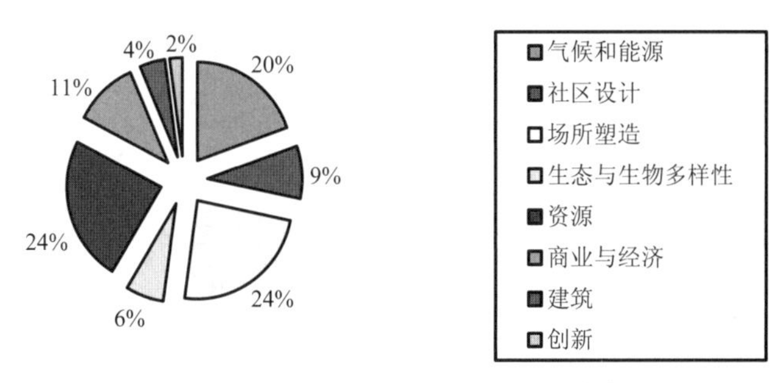

图 2.2　BREEAM Communities 指标构成分析

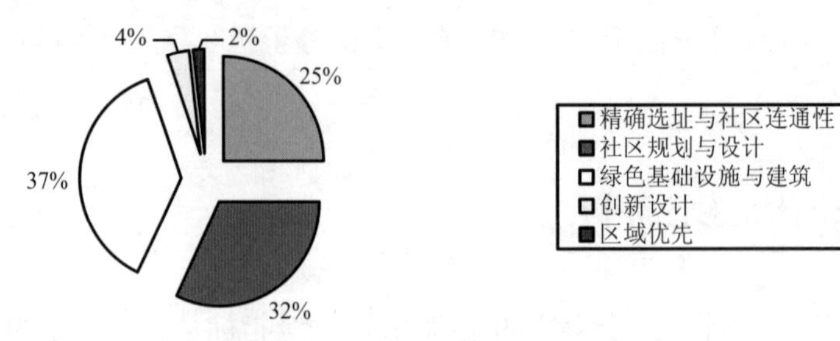

图 2.3 LEED-ND 指标构成分析

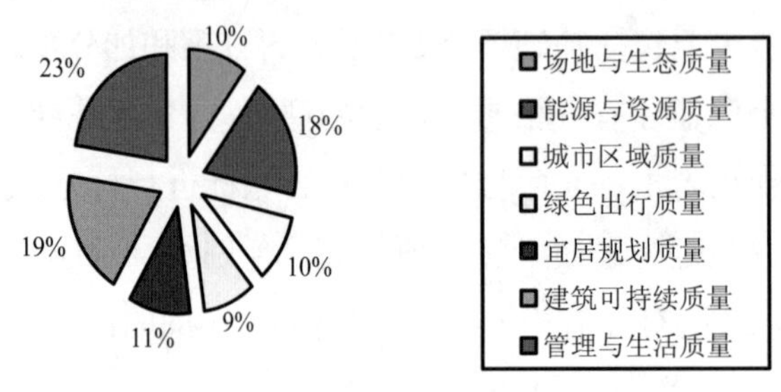

图 2.4 《绿色住区标准》指标构成分析

表 2.2 三大评价体系指标项对比

指标分类		BREEAM Communities	LEED-ND	《绿色建筑标准》
社会	能源	★现场可再生能源利用	建筑节能	★建筑节能
		★未来可再生能源	太阳能利用	★住区节能设计
		★能源节约	区域供热与制冷	★制定能源规划
		—	基础设施节能	能源节约
		—	现场可再生能源利用	—
	交通	自行车设施	自行车网络与存放	★绿色出行和公交优先
		自行车路网	街道网络	★符合城市无障碍建设
		公共服务设施易达性	★适宜步行的街道	★步行优先、人车分离
		生活化宅前道路	行道路与遮阳的道路	无障碍通行
		街道积极空间	减少停车范围	步行与自行车
		多功能停车场	公交换乘设施	公交出行
		★减少停车面积	交通需求管理	★道路交通合理符合相关规范
		公共站点易达性	★联系及开放的社区	
		公共交通运输能力	减少机动车依赖	—
		公交设施	—	—
		★交通影响评价	—	—
		汽车共用	—	—

续表

指标分类		BREEAM Communities	LEED-ND	《绿色建筑标准》
社会	规划设计	★公众咨询	社区外延与公众设计	★立足城市协同发展
		★使用者手册	社区学校	★注重城市开放空间的建设与利用
		社区管理与运行	公共空间可达性	★注重地域文化
		★空间美学	活动场所可达性	★注重城市设计意象与群体空间形象
		公共绿地	★精确选址	城市街区
		基础设施服务	多收入阶层的社区	周边设施
		★可负担住宅	无障碍与通用设计	社区与邻里
		★包容性设计	区域优先	★空间结构明确,空间层次与秩序清晰
		★当地人口特征调查	—	★院落空间有归属感与领域感
		—	—	★适应智慧住区发展要求
		—	—	★市政公用设施齐全
		—	—	★室外环境质量符合国家有关规定
		—	—	★群体建筑形象与城市天际线协调
		—	—	绿地与环境
		—	—	生活设施配套
		—	—	通用设计
	管理与生活	—	—	★引导居民采用绿色生活方式
		—	—	★建立设计建造与后期管理制度
		—	—	★住区管理实现智慧化与智能化管理
		—	—	设计建造
		—	—	运行维护
		—	—	绿色生活方式

续表

指标分类		BREEAM Communities	LEED-ND	《绿色建筑标准》
环境	资源	★土地资源优化利用	★农用地保护	★制定水资源规划
		土地再利用	★紧凑开发	★用当地建材、再利用材料、循环材料
		★水资源消耗	理想选址	★水资源利用
		水资源管理与总体规划	褐地再开发	★材料及循环利用
		降水可持续排水系统	建筑节水	综合利用现有城市配套设施
		★地表径流	景观节水	高效利用土地,紧凑开发
		★洪涝灾害评价	暴雨水管理	—
		自然水体污染预防	废水管理	—
		建筑再利用	★回避洪水区域	—
		★采用低环境影响的材料	★湿地与水体保护	—
		使用当地材料	现有建筑再利用	—
		交通设施建设使用可回收材料	基础设施循环利用	—
		有机垃圾堆肥处理	固体废弃物管理设施	—
	生态	尊重当地环境	★建筑活动污染防治	★采取保护生态与生物多样性的措施
		★生态调查	光污染控制	场地选择
		生物多样性保护	场地设计与建设干扰最小化	生态与生物多样性
		本地植物	历史资源的保护与利用	低影响开发
		安全设计	★濒危物种与生物群落	—
		过渡空间	坡地保护	—
		—	本地食物供给	—
	建筑单体	★居住建筑评价	★认证的绿色建筑	★符合居住的可持续性设计原则
		★非居住建筑评价	★最小化建筑能耗	★布局合理、交通紧凑
		—	★最小化建筑水消耗	★全装式成品交付,公共部位装修良好
		—	—	★经济性、安全性、耐久性应符合标准
		—	—	★室内环境质量符合相关规定
		—	—	全寿命周期设计建造
		—	—	室内舒适健康环境
		—	—	长期优良性能

续表

指标分类		BREEAM Communities	LEED-ND	《绿色建筑标准》
经济	商业经济	区域优势商业	混合使用的邻里中心	—
		就地就业	居住与工作联系度	—
		增加就业机会	—	—
		经济活力	—	—
		吸引投资	—	—
创新	创新	创新性的设计	创新与优越表现	绿色发展创新
		—	经过 LEED 认证的专业人员	—

注：★表示强制指标。

第一，中外评价体系构成基本相同，但是指标数量差异较大。BREEAM Communities 评价体系由 19 个强制指标和 31 个得分指标构成，一共有 50 个指标；LEED-ND 由 12 个强制指标和 44 个得分项指标构成，一共有 56 个指标；《绿色住区标准》由 30 个强制指标及 156 个得分指标构成，一共 186 个指标。由此可见，BREEAM Communities 评价体系与 LEED-ND 评价体系的指标数量差距较小，但是《绿色住区评价标准》的指标数量相对较为庞大。《标准》的评价分为预评价、中期评级和验收评价三个阶段，详尽的指标项能够较为清晰全面地阐述绿色社区评价的各个方面，但是指标项目并非越多越好。王静以《中国生态住宅技术评级手册（2003 版）》和《生态住宅（住区）环境标志产品认证标准》为研究对象，进行了相关的权重以及案例得分率分析，最后得出结论："当评价体系中的指标数量规模太过庞大时，会导致评价体系的指导性降低，且评价体系表难以推广"。

第二，三个评价体系都是对绿色社区的评价，对绿色社区内涵的理解高度一致。在对各评价体系指标项进行重新排列后可以发现，三个评价体系都在能源、交通、规划设计、资源、生态、建筑单体、创新等方面设置了相关的指标项，这充分说明三个评价体系对绿色社区的内涵都有高度一致的理解。绿色社区能源的利用一方面是提倡对绿色新能源的利用，主要包括太阳能利用、现场可再生能源利用、未来可再生能源利用等指标项；另一方面是提倡能源的高效利用，包括能源节约、建筑节能、区域供热与制冷、基础设施节能、住区节能设计、制定能源规划等指标项。在社区交通方面主要分为社区对外交通和社区对内交通，其中社区对内交通又可以分为社区内人行交通和车行交通；社区对外交通主要包含汽车公用、公交设施、公共交通运输能力、减少机动车依赖、联系及开放的社区等指标项。社区对内人行交通包括生活化人行道路、自行车设施、自行车路网、行道路与遮阳的道路、适宜步行的街道、符合城市无障碍设计、步行优先、人车分离等；社区对内车行交通包括多功能停车场、减少停车面积、道路交通合理符合相关规范等。在绿色社区规划设计中，主要从社区空间、基础设施、社区管理、绿地规划、公众参与等方面设置了指标项,主要包括公众咨询、社区管理与运营、空间美学、基础设施服务、社区外延与公众设计、注重城市开放空间的建设与利用、注重城市设计意象与群体空间形象、空间结构明确,空间层次与秩序清晰、绿地与环境等指标项。绿色社区的资源利用主要包括水资源利用、土地资源利用、建设材料资源利用以及现有资源利用四个方面,主要包括土地资源优化利用、农用地保护、紧凑开发、水资源管理与总体规划、降水可持续排水系统、建筑节水、景观节水、废水管理、使用当地材料、使用可回收材料、建筑再利用、有机肥堆肥处理、综合利用下游城市配套设施等。在绿色社区生态环境建设中,主要以保护生物多样性、尊重当地环境、降低开发影响等为主要的评价指标。绿色社区建筑单体评价中,主要是评价建筑单体的能耗以及室内居住环境质量,在要求建筑低能耗的同时,应当保证室内健康舒适的居住环境,其经济性、安全性、耐久性都应当符合相关标准。对于绿色社区的经济建设各评价体系的描述都较少,现有的指标项以吸引投资、增加就业机会、发展区域优势商业、就地就业等为主。绿色社区的创新主要是鼓励建设项目积极采用绿色生态的建造技术和措施,主要包括社区创新性设计、创新与优越性表现、绿色发展创新等评价内容。

第三,三个评价体系的指标项组成大致相同,但是各有特征。LEED-ND 评价体系的总分是 110 分,一级指标由五个指标项构成。其中,指标数量最多的是绿色基础设施与建设,占总体的 37%,这部分总分为 29 分;其次是社区规划设计,其指标数量占 32%,总分为 44 分;再次是精明选址与社区连通性,其指标数量占总体的 25%,总分为 27 分。这是 LEED-ND 评价体系的最主要的三个构成部分,反映出该评价体系以精明增长理论、新城市主义理论、绿色建筑和基础设施理论为发展原则的特点。BREEAM Communities 评价体系指标项占比较大是资源、场所设计、气候和能源,分别为 24%、23%、20%。BREEAM Communities 评价体系在商业经济指标项下制定了一定数量的评价指标,主要包括区域优势商业、就地就业、增加就业机会、经济活力、吸引投资等,而另外两个评价体系并没有具体的有关社区经济建设的指标项。这表明 BREEAM Communities 评价体系相对更加重视社区的经济发展,将社区经济融入评价体系中。《绿色住区标准》各级指标项数量分布较为均衡,相对其他两个评价体系而言,其增加了管理与生活评级指标,具体包括引导居民采用绿色生活方式、建立设计建造与后期管理制度,绿色住区管理实现智慧化与智能化管理、运行管理、绿色生活方式等。这是《绿色住区标准》评价体系系统性与时代性的鲜明表现,也是《绿色住区标准》服务于现代社区全生命周期的客观要求。

2.1.3 社区评价体系研究启示

通过对相关数据的整理与分析,可以清晰地看到三个评价体系的构成特征与各自的特点,不同的特征表达出不同的评价侧重点。这些评价体系都是各国相关的权威机构经过长时间的探索和实践得出的成果，是国家级甚至国际级的评价体系，具有很高的代表性与科学性。本研究认为，这对于较小范围如省市级的评价体系构建有很大的启示，省市级的评价体系构建应当更加注重评价体系的地域性特征，关注社区的绿色经济发展，构建注重评价体系的系统性。

（1）注重评价体系的地域性特征

杰出的评价体系是值得参考和借鉴的，但是各个国家、各个地区的实际情况千差万别，评价目的和侧重也有所不同，所以不能照搬其指标项以及权重。应当根据实际的评价目的，结合实际情况，建立符合地域特征的评价体系表，注重评价体系的地域性特征。这主要包括三个方面的内容。

第一，注重指标项的地域性特征。指标项的构成能够清晰地表达出评价的目的，不同国家、不同地区由于经济发展差异以及地域文化差异等原因，导致对相同事物的评价会有差别。即使是在同一个国家、同一个省市，城市和农村、农区和牧区之间依然存在很大的差异，特别是对于有浓厚地域文化特征的地区，一般这些地区都有符合其文化特征的生产和生活方式，所以指标项的设置应当考虑这些特殊性，更加贴合居民的生产与生活。

第二，注重指标权重的地域性特征。指标权重代表着评价体系的侧重点，其应当是动态变化的，根据不同地区的社会、经济、环境发展情况和不同时期人们对生态内涵的理解而发生变化。在对同一类事物进行评价时，不同的评价体系指标项会有所差别，但是总会有相同的指标项存在。在参考这些指标项时，权重值的设置应当根据具体评价体系的指标构成设置，充分体现指标权重的地域性特征。

第三，注重地域文化特征。地域文化是一个很难量化的指标，所以在大多数评价体系中都不提及或者很少提及。但是地域文化是一个地区区别于其他地区的显著特征，是经过长时间的发展和历史沉淀而形成的，值得延续与传承，在新时期的绿色发展理念中应当被人们重视。所以在建立评价体系时，应当积极探索当地的地域文化特征，以定量指标或者定性指标的形式纳入当地的评价体系中，积极鼓励将地域文化融入地区绿色发展。

（2）关注社区经济发展

正如前文中所提到的那样，不同的地区有不同的地域文化特征，而不同的地域文化特征往往有与其相适应的生产生活方式。建立社区评价体系的目的就是希望利用科学合理的手段，指导和监督社区建设，在保护生态环境的前提下，改善居民的人居环境质量，提高社区舒适度。所以社区评价体系的建立应当考虑社区的经济发展，一方面是鼓励发展地区优势经济、特色经济，严禁有污染的经济行为，将其与地域文化深度结合；另外一方面就是通过吸引投资、激发经济活力等方式促进经济发展，增加就业机会，提倡就地就业,保证社区经济健康绿色发展。

(3)构建系统性的评价体系

社区的建设是一个较为庞大的工程,不是短时间内就能完成的,其建设前的规划设计、建设中的具体建设实施以及建设完成后的使用与管理都是社区评价体系应当涉及的内容。LEED-ND评价体系将社区评价分为预认证、项目方案通过相关审批后认证、社区建成后认证三个阶段。《标准》中将社区评价也分为三个阶段:预评价阶段、中期评价阶段、验收评价阶段。将社区评价分阶段实施能大大提高评价体系的科学性和可操作性,社区建设在不同阶段其侧重点各有不同,所以对应的评价体系也应当有所调整,其主要表现在指标权重的调整,根据不同阶段的侧重点设置不同的指标权重,对科学指导社区建设更有意义。

2.2 国内外生态乡村建设研究

2.2.1 国外生态乡村建设研究

一些发达国家在20世纪90年代初期对生态理念开始产生了觉醒,由于人类对自然环境无情的改造与破坏以及对自然资源不节制的消费,造成了人类居住环境严重恶化,很大程度上影响人类的生存与发展。于是人们开始反思自己的行为,因此,在发达国家以及发展中国家逐渐兴起了生态村运动。

比利时在20世纪50年代就开始发展生态农业,在最初还只是个别农户的个人行为,直到20世纪90年代,欧盟颁布实施了有关扶持生态农业的政策,比利时也随即颁布了相应的扶持措施,以确保生态农业能得到全面的发展。在长期的发展过程中,比利时总结出了发展生态农业的三点重要经验:第一,要对当地农民进行生态保护与可持续发展意识教育;第二,政府要大力协助当地生产者建立完善的市场;第三,政府要颁布相关政策,加强农业生产的管理机制。

日本是亚洲较早针对农村生态展开研究的国家之一,在其早期的农村建设中,环境污染较为严重,而且城乡差距大等问题阻碍了日本农村经济的健康可持续发展。日本一直在努力探索生态农村建设的道路,其专家学者认为,生态农村的建设,不仅要完善基础设施与相关的法律制度,还要加强科学技术与高新产业在农村的研发与利用,重视农村的生态经济发展。

韩国早期的农村受城市现代化建设的影响很大,城市过度追求经济发展为农村带来了难以修复的伤害。为此,韩国举办了"新村运动",主张大力发展生态农业,对当地农民进行相关的生态意识教育，同时把生态环境的保护与生态农业的发展放在一个很重要的位置，大力推进城乡一体化发展，旨在为农民创造良好的生产与生活环境的同时，增加农民收入，提高农民的幸福感。

2.2.2　国内生态乡村建设研究

我国在 20 世纪 70 年代开始了有关生态农村的建设与研究，最初采取的是先有实践，再有经验总结；先有典型案例，再有典型推广的发展模式。在长期的发展与探索中形成了各个地区特有的生态农业发展模式，如西北地区以太阳能为动力，以土地为基础，种植、养殖与沼气结合的“四位一体”温室生态模式；黄土高原地区的土地资源、农、牧、沼、果“五配套”的生态模式；西南地区的“猪、沼、果”发展模式等。

在党的十六届五中全会提出美丽乡村建设任务后，我国各个地区积极响应，在安徽、福建、山东、浙江等地形成了众多典型的生态村。这些典型的生态村在大力发展地区生态农业的基础上，结合自身的环境与地理优势，大力开发绿色旅游，推广地区传统文化，打破传统农业经济的发展模式，拓宽了农村生态经济发展的道路，使得生态农村的内涵变得丰富多彩，同时也吸引了更多学者们的关注，取得了丰厚的研究成果。

韩秀景在《中国生态乡村建设的认知误区与厘清》中指出了我国当前在生态乡村建设中存在的误区，我国目前生态乡村建设理念层次较低，停留在乡村自然环境的保护与提高、村民的生态文明意识的培养，未能上升到国家创新层面以及国家经济发展层面。张梦洁在《美丽乡村建设中的文化保护与传承问题研究》中强调了乡村传统文化的重要性，她认为乡村传统文化可以借生态乡村建设的时机发展，同时，只有立足于本土文化的发展才是生态的发展、可持续的发展。任雪萍教授在《推进“三个发展”建设美丽中国》中提出了生态发展的三个要求：第一，绿色发展不仅是经济的发展，更是生态的发展；第二，绿色健康可持续的经济发展要注重资源的高效循环利用；第三，生态建设的发展要走社会、经济、自然三者和谐共生的发展模式。郭霄哲在《农村生态环境与社会主义新农村建设探讨》中指出生态乡村的建设离不开生态文明的建设，同时还要紧紧地依靠完善的生态制度与良好的生态经济发展，生态乡村的建设应当以生态农业为基础，结合技术创新与高科技农业生产，形成高效绿色的循环低碳系统。

2.2.3　生态乡村建设研究启示

生态乡村的建设研究是一个持续性的话题，随着国家经济与科技的不断发展，不同时期的乡村具有不同时期的发展任务与发展特点，综合以上研究，本书总结出生态乡村建设的相关启示。

第一,生态乡村建设的地域性启示。我国地域广阔,地域特征各有不同,生态乡村的建设应当根据不同地区的乡村经济特征、不同的乡村天然资源以及不同的乡村传统文化特色而制定不同的乡村生态发展模式。模块化的生态乡村发展模式难以适应多样化的乡村发展需求,不是健康可持续的道路,必然导致乡村生态再破坏。

第二,生态乡村建设的综合性。生态乡村的建设不应当仅仅停留在乡村自身的发展,还要关注地区乃至国家的发展,应当上升到国家创新层面以及国家经济发展层面;同时生态乡村的发展应当是乡村经济、文化、生态多角度的发展,应当统筹多方面的内容,单一层面的发展会对乡村带来更大的破坏。

第三,生态乡村建设的前瞻性。生态乡村的建设不能只顾及眼前的利益,健康可持续才能更加长久地发展,为生态乡村的发展探索具有地域特色的绿色低碳可循环经济模式是一条重要的道路,同时,发展模式应当随时感知时代特征的变化,以前瞻性与灵活性引领乡村及地区的发展。

2.3 小结

通过相关的对比研究可以发现,三个评价体系在组成形式以及评价内容等方面有很多共性,同时它们又都有各自的特点。

LEED-ND 评价体系以绿色基础设施与建设、社区规划设计、精明选址与社区连通性为主要构成部分,反映出该评价体系以新城市主义理论、精明增长理论、绿色建筑和基础设施理论为发展原则的特点。BREEAM Communities 评价体系在商业经济指标项下制定了一定数量的评价指标,主要包括区域优势商业、就地就业、增加就业机会、经济活力、吸引投资等,而另外两个评价体系并没有具体的有关社区经济建设的指标项。这表明 BREEAM Communities 评价体系相对更加重视社区的经济发展,将社区经济融入评价体系中;《绿色住区标准》的各级指标项数量分布较为均衡,相对其他两个评价体系而言,其增加了管理与生活评级指标,具体包括引导居民采用绿色生活方式、建立设计建造与后期管理制度、绿色住区管理实现智慧化与智能化管理、设计建造、运行管理、绿色生活方式等,这是《绿色住区标准》评价体系系统性与时代性的鲜明表现,也是《绿色住区标准》服务于现代社区全生命周期的客观要求。

生态乡村建设是一个永久性的话题,在不同的时代特征之下有不同的发展要求,值得更多的学者投身于与其相关的研究中。生态乡村的建设应当注重其地域性、综合性以及前瞻性等特征,创建出符合时代发展,引领时代潮流的乡村绿色发展模式,实现伟大复兴的中国梦。

第3章　典型定居点特征及现状研究

内蒙古中部地区是内蒙古高原的重要组成部分，以典型草原与荒漠草原为主，是东部草甸草原和西部荒漠的过渡区域。该地区水草肥美，是畜养牛羊的天然牧场，曾经是蒙古草原文化的发祥地。如今这里也是我国北疆的重要生态防线，孕育着千千万万的草原牧场。内蒙古拥有我国著名的五大草原，其中中部地区就有三片，分别是锡林郭勒草原、乌兰察布草原和鄂尔多斯草原。全区草地总面积 7 880 万公顷，其中中部草原约占一半之多。草地资源是内蒙古的优势资源，是以生态畜牧业为主导的绿色产业的坚强后盾。

这里独特的气候特点和地理条件，以及草地资源的优势，形成了内蒙古中部地区特有的文化，同时造就了草原牧区牧户独有的生活生产特点，这些特点不仅影响着该地区传统民居的形式，也是生态移民定居点绿色生态营建技术的必要参考。

3.1　课题研究与开展

3.1.1　内蒙古中部地区

作者查阅很多相关资料，发现针对内蒙古中部地区的范围界定并不是很明确，有很多不同的定义。从旅游角度划分，2003 版的《内蒙古自治区旅游发展总体规划》中指出：内蒙古中部地区是以呼和浩特市为中心，以包头市为副中心，周边连接乌兰察布市、鄂尔多斯市大部分地区和巴彦淖尔市下辖的乌拉特前旗区域。《内蒙古自治区地理经济》从经济和地理进行划分，与上述概念区域基本相同。而《中国气象地理区域》从气象地理的角度，将内蒙古中部地区界定为锡林郭勒盟以西，呼和浩特市以东的地区。

本书中对内蒙古中部地区的界定，以草原生态为划分依据，以典型草原与荒漠草原类型为特点，具体包括内蒙古自治区的五个盟市。内蒙古中部地区以阴山进行分界，阴山北麓地区为纯正的草原地貌，而阴山以南为草原、山地和平原等混合地貌，且多为农牧交错地带。本书以阴山北麓草原地貌为依托，以纯正的原生态草原移民定居点为研究重点，比如锡林郭勒盟，包头市等地区，这里的天然草场是牧民生产生活所需的主要能量来源，受外界破坏程度较小，移民后的牧民基本保持着原有的畜牧业生产方式。因而，该区域生态移民定居点具有典型性。

3.1.2 中部草原牧区

草原牧区是相对于农区而言的一种经济类型区域，具体是指利用辽阔的天然草原进行以畜牧业为主的生产地区。在我国具有突出草地农牧业特征，能够发挥草原生态系统作用的区域，主要分布在西部和北部的边缘地带。

对于内蒙古地区而言，草原牧区是指划定为放牧或是以畜牧业为生产方式的地区。经查阅资料得知，内蒙古中部地区共有 15 个牧区旗县（市），具体的旗县分布如表 3.1 所示，其主要集中在阴山山脉以北的区域。

表 3.1 内蒙古中部地区牧区旗县（市）名称

盟市	旗县（市）数量	旗县（市）名称
锡林郭勒盟	9	锡林浩特市、镶黄旗、阿巴嘎旗、正镶白旗、苏尼特左旗、东乌珠穆沁旗、苏尼特右旗、正蓝旗、西乌珠穆沁旗
乌兰察布市	1	四子王旗
包头市	1	达尔罕茂明安联合旗
鄂尔多斯市	4	鄂托克前旗、鄂托克旗、杭锦旗、乌审旗

内蒙古自治区在 2001 年出台了《实施生态移民和异地扶贫移民试点工程的意见》（内政发〔2001〕57 号），坚持以政策为引导，以群众自愿参与为主要原则，在全区范围内对严重荒漠化地区、草原严重退化地区以及水土流失严重地区开始实施大规模的生态移民。内蒙古草原牧区孕育着悠久的历史文化，共有 33 个典型的纯牧业旗县（市）。

课题组对内蒙古中部包头市达尔罕茂明安联合旗（简称达茂旗）及锡林郭勒盟部分旗县（市）草原牧区中的 13 个移民定居点进行了实地调研，该地区属于牧业旗县（市），由于草原生态环境问题较为突出，移民后的牧民仍以畜牧业为主要生产方式，是内蒙古草原牧区生态移民的典型区域，具有一定的覆盖面和代表性。

3.1.3 调研对象

2018 年至 2019 年，课题组在炎热的 7 月和寒冷的 12 月，对内蒙古中部有特点的旗县（市）进行调研，主要涵盖了以牧业和畜牧业为主的阴山周边和中蒙边境地区，涉及 5 个旗县，14 个嘎查村，如表 3.2 所示。其中牧业发达的要属锡林郭勒盟和包头市达茂旗。调研发现，与其他地方相比，这里饲养的牛羊数量比较多，并且成立了许多大规模的养殖基地、奶制品加工厂和销售店。所以课题组主要调研了以天然草原牧场为依托的生态移民定居点，对其规划布局、建筑单体以及能源利用现状进行分析和总结。

内蒙古中部草原牧区生态移民定居点主要依托城镇发展，安置于郊区；对于距离城镇较远的移民点，连接城镇主要靠交通。因地方而异，牧民迁入之后被安置在嘎查村，其大小、形式各不相同，形成院落布局空间也不一样，本书以达茂旗的西阿玛乌苏园区，镶黄旗的温都日湖奶牛村和正蓝旗的伊日勒吉呼嘎查与塔本敖都嘎查为例进行分析。

表3.2　生态移民定居点调研分布及方法

旗县（市）	乡镇／苏木	生态移民定居点	调研方法
达茂旗	百灵庙镇	巴音宝力格嘎查（东阿玛乌苏园区）	实地调查、拍照、搜集资料
达茂旗	百灵庙镇	巴音宝力格嘎查（西阿玛乌苏园区）	实地调查、测绘、拍照、搜集资料
		忽吉图嘎查（大林场园区）	实地调查、测绘、拍照、搜集资料
苏尼特右旗	赛罕塔拉镇	阿尔善图嘎查	实地调查、拍照、搜集资料
镶黄旗	新宝拉格镇	温都日湖奶牛村	实地调查、测绘、拍照、搜集资料
		移民新村	实地调查、拍照、搜集资料
正蓝旗	上都镇	伊日勒吉呼嘎查	实地调查、测绘、拍照、搜集资料
		巴彦乌拉嘎查	实地调查、拍照、搜集资料
	桑根达来镇	敖力克嘎查	实地调查、拍照、搜集资料
		塔本敖都嘎查	实地调查、测绘、拍照、搜集资料
		塔安图嘎查	实地调查、拍照、搜集资料
锡林浩特市	锡林浩特市郊	欣康村	实地调查、拍照、搜集资料
	宝力根苏木	敖包图嘎查	实地调查、拍照、搜集资料
	巴彦希勒镇	白音锡勒31团	实地调查、拍照、搜集资料

3.1.4　调研方法

在实地调研期间，除了向相关政府机构索取有关资料之外，课题组还采用了问卷调研、实地测量、实地拍照等方法。问卷调查主要采用纸质问卷的形式，采集对生态移民定居点的绿色经验现状、优劣性和地域文化性等相关数据内容，进行统计、分析研究；实地测量主要进行村落面积、院落、建筑单体和空间测绘，以及对道路交通等公共设施进行测量，并绘制村落布局平面图、院落总平面图、房屋单体平面图、立面图和剖面图，并标注相关尺寸；实地拍照主要记录了牧民的生产生活，特有的室内外环境和建筑构造特点等牧民的绿色营建方法，为选择生态移民定居点的绿色营建方法提供科学依据。

3.2 定居点规划布局的现状特征

3.2.1 聚落选址特征分析

生态移民定居点的建设离不开所处的地理环境和生态资源。其中，草场是牧民生活依赖的唯一物质能量来源。生活在草原上的牧民长期过着游牧生活，伴随着工业化的推进，城乡一体化的进展以及农牧生产方式的调整等因素，这种传统的畜牧业经济方式已经不能满足现代牧民生活的需要。同时，长期的放牧也是导致草原沙化的直接原因，为了保护草原生态环境，20 世纪 80 年代国家实施了生态移民工程，建立生态移民定居点。

课题组通过调研发现，居住在生态移民定居点的牧户并不是很多，由于语言差异、技术欠缺等问题，牧民为了生活只能返回原有的牧场放牧，甚至有的移民定居点完全成了“空村”。能够居住在这里的牧民，其生产方式也发生了变化，不再是原来单一、粗放的传统牧业形式。总结得出，大多数牧民能聚居于此，是因为生产方式发生了转变，这种转变完全受地理环境和资源分布的影响。同时，也是影响聚落选址、空间形态以及环境布局等方面的关键因素，其中往往存在着一定的主导因素，下面针对部分生态移民定居点的规划选址，做出相应的指向性分析（图 3.1~ 图 3.4）。

图 3.1 西阿玛乌苏园区

图 3.2 温都日湖奶牛村

图 3.3 伊日勒吉呼嘎查

图 3.4 塔本敖都嘎查

(1)西阿玛乌苏园区

西阿玛乌苏园区位于百灵庙镇北2 km处，聚落周边地势相对平坦，西面紧邻211省道，隔着省道可以看到不高的山地。每逢祭敖包的节日，这里的牧民就在山脚下举行仪式活动。西阿玛乌苏少部分牧户还保持着传统的农业和畜牧业生活方式，主要饲养羊和奶牛，但因场圈规模的限制和奶价比较低等因素，牧民所饲养的牲畜数量很少，最多的一家也没有超过100头，种植的草料和玉米也作为牲畜的饲料使用。

西阿玛乌苏园区虽然邻近城镇，但是这里的牧户主要依托交通经营生活，发展第三产业的比较多，靠近省道便于牧户经营饭店、补胎、农家乐等生意；园区内部的牧户则经营煤炭、玻璃、钢材等生意。受这种生产方式的影响，园区内整修了道路，同时为了满足经营需要，牧户加建了门房，扩大了门厅和内部的场院面积。因道路的影响，原本规整的园区有顺着交通发展的趋向，形成了具有交通指向性的生态移民定居点。

(2)温都日湖奶牛村

由于温都日湖奶牛村地处城市市郊，交通便利，周边服务型公共设施相对齐全。温都日湖奶牛村主要以传统的养殖业为主，主要饲养羊和奶牛。牧户都有自家的草场，主要采用散养和回收草料圈养的方式。由于离城市比较近，村里也自发形成了奶食品加工店，制作的奶食品和鲜奶都可以销售到城市。这样的生产方式使得每户养殖规模都不大，但整个村子形成了整体较大且独立的村落养殖空间。

(3)伊日勒吉呼嘎查

该定居点位于上都镇侍郎城村北的空地上，距离城镇约5 km。牧户迁移过来后，最初都以养殖业为主要产业，现如今依托城市发展，年轻人都去城镇打工、创业。据了解他们的牲畜都卖给了村里的养殖大户，形成了大规模的集体养殖，节约了当地资源成本。这样的生产方式使得每户的院落闲置，牧户进而对院落空间进行改造，形成了生活的辅助用房空间。散养的模式只有少数的中老年牧民使用，除了饲养牛和羊，还有鸡、狗等牲畜，充分利用了院落空间。

(4)塔本敖都嘎查

塔本敖都嘎查的牧户原都是以传统牧业为生，搬迁到定居点之后，他们还保持着这样传统的生产方式。由于集体安置后，受到圈养空间的限制，牲畜的养殖数量有限。因而，在居住组团之外，形成了大型独立的集体养殖组团。另外，这里还建设了养殖专业合作社，为定居点的牧户带来了好的养殖条件和技术，带动了养殖业的发展。

综上所述，能够在定居点长期居住的牧户，都转变了生产方式或产业类型，要不就是在牧业或养殖业方面更新了技术和条件，这才使他们的生活得到了保障，同时也使生态移民定居点在规划选址上有了选择性的要求。

3.2.2 定居点布局空间特点

生态移民定居点的建设是一项重要的保护草原环境生态工程,也使牧户改变了往昔的游牧生产方式。生态移民定居点的建设,应统一规划、合理布局,做到一次性迁移,避免多次迁移。整体布局上,定居点以生产区与生活区两大功能分区为主,形成了三种特有的布局形式:矩阵式、间隔式、分离式。

(1)矩阵式定居点空间布局

矩阵式模式的特征是将生活空间与生产空间紧密联系在一起,形成整体的牧户单元形式,并以两到三户为单元组团。各单元组团之间以小路分隔,整体再以主干道呈左右两侧对称布置,形成规整的矩阵式布局。以西阿玛乌苏园区为例,通过方格网络系统将 50 户牧户单元集中起来,形成巨大的组团形式。园区中间形成宽 4 m,且两侧 20 m 之内布局行道树和砖砌花池的“景观大道”,将每条巷道断开。在园区的北端设置了村委会、村邮站、养殖基地和牧家乐大型餐包等公共设施,西面是一家大规模的养殖公司,如图 3.5 所示。

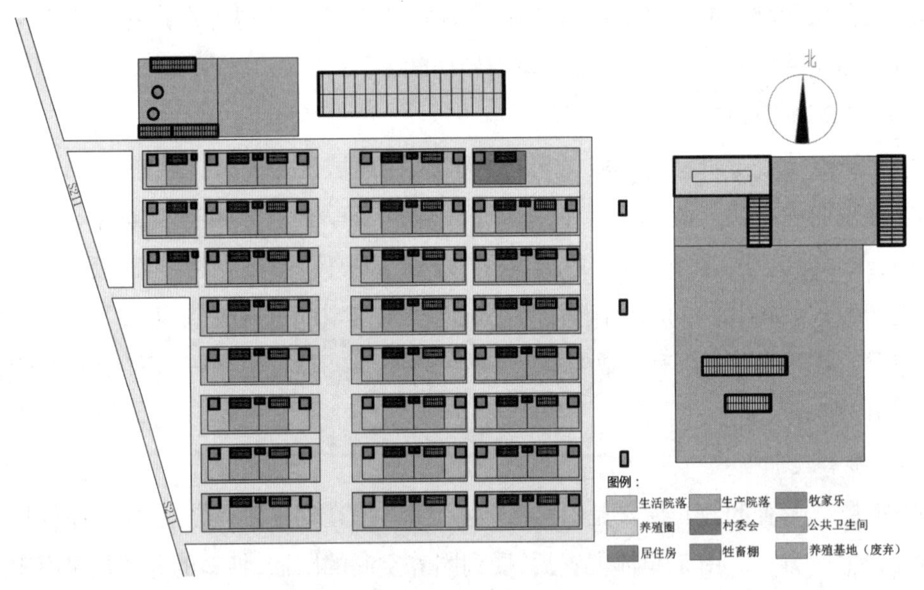

图 3.5 矩阵式定居点空间布局

这种布局模式的优点在于为牧民的生产活动提供了便利,牧民可以随时照看自家牲畜,特别是在寒冷的冬季。这种布局模式的缺点主要在于生产空间对生活空间的污染,无论是自家庭院还是户外的公共空间,受污染情况都很严重。采用这种布局模式的定居点一般整体环境都比较差。

（2）间隔式定居点空间布局

间隔式模式的特征是利用道路将生产区与生活区相互隔开，并以此生产区和生活区为整体，向一侧进行复制联排，形成生产区与生活区相互错开的布局方式。以塔本敖都嘎查为例[图 3.6（a）]，定居点的南侧是通向 207 国道的东西向主干道，有 6 m 宽，可以双向行驶；沿着主干道向北侧辐射出 4 m 宽的村落次干道，将定居点分成若干组团；组团内每排紧靠次干道的是两家牧户的生活区，中间则是四家的生产区，每排之间有 2.5 m 宽的通行巷道。从总平面图可以看出，生产区和生活区相间布置，之间用道路或隔墙进行分隔，使得两者相隔较近又相互独立。在主干道的南侧布置了村委会、村邮站、运动休闲区等公共设施。其中，伊日勒吉呼嘎查也具有这种特征形式，如图 3.6 所示。

这种布局模式的优点是生产区和生活区既相对独立，又联系紧密，方便牧民就近管理生产区，使间隔式定居点的牧民生活区优于矩阵式布局；但这样的模式生活区与生产区间隔较近，两者功能会存在交叉、相互干扰的现象，并且这种形式不利于大规模生产，多以牧户散养形式进行发展。

（3）分离式定居点空间布局

分离式模式的特征是生产空间与生活空间以主干道对称布局，整体呈现为生活空间—生产空间—生产空间—生活空间的类似镜像模式，生活空间一般是几户并排相连，形成一个联排单元体，生产空间也是如此，两个单元体之间用次干道相分隔。以温都日湖奶牛村为例，该定居点通过一条内部的主干道，将生产区和生活区分成两部分，各自独立集中设置；在生产区和生活区的外围形成一条宽 7 m 的环路；通过高 1.5 m 的砖砌墙体将这些内容进行围合，形成封闭的聚落空间形式。温都日湖奶牛村以中间主干道的端头形成两个出入口，南向为主出入口，并设置了值班室，有值班人员进行管理；北向的主入口直接通到大的养殖场，形成尽端形式。在中间一排设置了村委会、小卖部、奶食店、奶牛医院和休闲健身广场，两侧环路上各布置了 3 个旱厕，供牧户使用，如图 3.7 所示。

图 3.7 这种布局模式的优点在于牧民的生产和生活区距离较近又相对独立，在一定程度上减少了生产区对生活区的污染，使牧民生活区庭院环境良好，有助于牧民在自家庭院种植花木以及发展庭院经济；但是这样的生活区与生产区的分离程度是不够的，总有牧户处于生产区下风口，有一定的气味污染，同时，牧民将牲口赶出棚圈“遛腿”时会对生活区的公共环境造成影响，牲口不仅会啃食公共绿化草地，而且会造成大量的粪便污染。

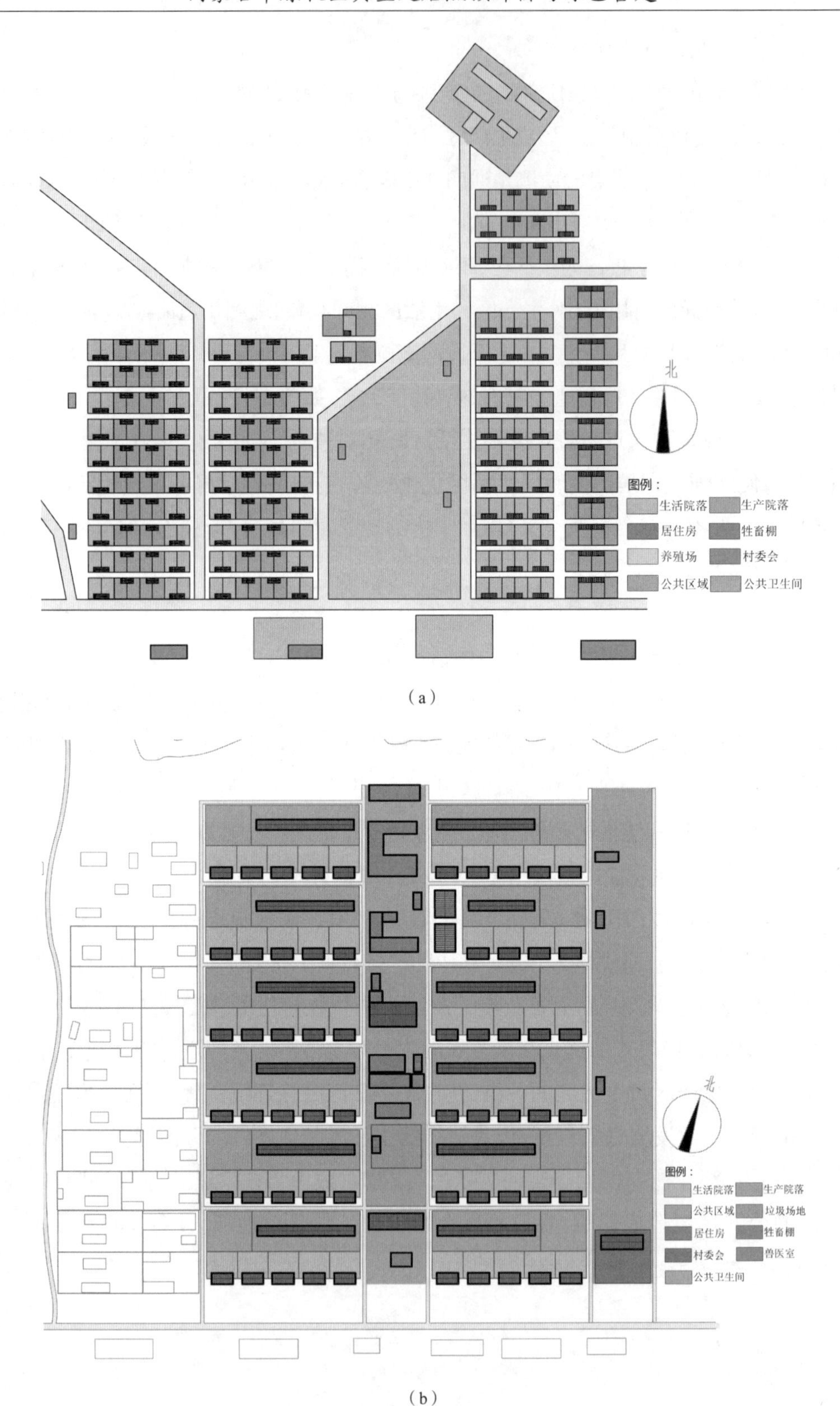

（a）

（b）

图 3.6 间隔式定居点空间布局

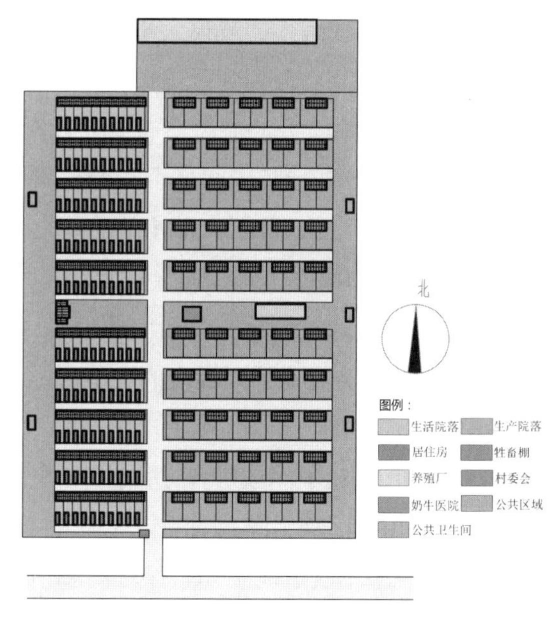

图 3.7　分离式定居点空间布局

3.2.3　院落空间构成与尺度

(1)院落空间构成

生态移民定居点牧户单元院落一般由生活院落和生产院落两部分构成,生活院落一般具有住房、生活场院和辅助用房等功能空间,生产院落有棚圈、生产场院、库房和储备草料的储草窖等功能空间。通过这些功能空间,形成了不同的院落形式,院落前后是通行道路,后排院落的入口对着前排院落的背面,形成整齐的阵列如图 3.8、图 3.9 所示;户与户之间通过砖墙、石头墙,甚至铁丝网、木条或木板相隔。场院内部地面没有铺装,多是自然形成的素土地面。讲究的牧户会用砖石铺砌,形成满铺、中间道路铺地、房舍入口集中铺地三种形式。一般来讲,生活院落比生产院落小,生产院落主要是为了满足牧户的生产作业需求,这种形式完全区别于农区的生产方式和空间需求。

图 3.8　温都日湖奶牛村巷道现状

图 3.9　西阿玛乌苏园区巷道现状

地方不同,移民政策也不一样,致使院落的规模大小、功能空间等也有所差异,如表3.3所示。按照生活院落和生产院落的组合分为分开式和混合式两种,其形式主要依托当地牧民的生活和生产方式,使得这些移民定居点在院落布局上有着鲜明的特征。其中,西阿玛乌苏园区的院落空间采用混合形式,场院中间采用砖墙相隔,生活空间和生产空间各占一半,形成了"对半混合式"。生活院落除了有基本的功能之外,家庭条件较好的牧民会设置大型车库,布置在生活院落前面,直接朝向通行道路开口;有的牧户为了生产的需要,在入口处设置带有门厅的厦房,通过门厅进入两侧的门房,门房多作为厨房、挤奶加工间和库房等使用。伊日勒吉呼嘎查也是采用混合的院落形式,场院围墙除了使用砖以外,还使用了石头和铁丝网进行简单围合。为了增大养殖空间,整个院落以饲养牲畜为主,在院落南侧一端留出牲畜的出入口,中间建房舍,房舍按照户口人数划分面积,每户约50 m²,形成了"前房后院式"。由于后期生产方式的转变和人口的增加,牧户加建了房舍;不再以养殖为生的牧户将后院基本改造成了菜园;进行养殖的牧户则会将生产院落一分为二,形成一个小面积的生活种植园,为了避免牲畜进入,种植园被1.5 m高的砖墙隔开。

区别于混合式院落的是分开式院落,其形成集中独立的养殖空间。温都日湖奶牛村的生活院落为"L"形,后面是房舍,前面是生活院落。为了满足生活需要,生活院落西面一侧设置有厨房、车库或仓储用房。生产院落空间相对简单,形成了"前院后棚式"。塔本敖都嘎查的生活院落相似于伊日勒吉呼嘎查的院落形式,但使用功能不同,前者仅为生活院落,生产院落较大,采用"对半棚圈式",一半是牲畜休息之地,休息之地依靠北墙建造房舍;另一半是活动场地,主要是供牲畜运动和储存食料的场地。其生产空间与前几种相比,功能相对比较完善。

综上所述,牧户的生产方式是影响院落空间组合的关键因素。随着生产方式的转变,牧户对生产和生活的需求也有了思想观念上的更新。对以传统养殖业和畜牧业为主业的牧户来说,其形成了以生产院落为主,牧户生活空间次之的设计观念,这种观念影响至深;对以打工、创业等以第二、第三产业为主业的牧户,其形成了以生活空间为主的设计观念,这种观念相对薄弱。

(2)院落空间尺度

通过对内蒙古中部草原牧区生态移民定居点的调研分析,可以了解到该区域牧户单元院落的空间形态和尺度。从中也能发现,院落的形成与牧户的生产生活方式、家庭人数、牧经济状况有密切的关系。该区域生态移民定居点因地方不同,形成的空间状态也不一样。在锡林郭勒等水草丰美的典型草原牧区,常见分开式的院落;而在包头等水草较好的荒漠牧区,常见混合式的院落。因而,牧户单元院落的形成也与地域环境有关,具体形成的院落和建筑尺寸也存在区别,如表3.4所示。

表3.3　牧户单元院落构成特征一览表

类型	平面功能示意图	说明	实景照片
对半混合式（混合式）	原建房舍　加建　原建棚圈　加建　院落1　院落2　加建　加建	用地面积600 m²；房舍面积45 m²；棚圈面积90 m²	
前房后院式（混合式）（两户）	原建棚圈　加建　院落2　院落1　加建　原建房舍　原建房舍	用地面积409 m²；房舍面积60 m²；棚圈面积70 m²	
“L”形；前院后棚式（隔离式）	原建房舍　加建　院落1　加建　原建棚圈　院落2	用地面积300 m²；房舍面积36 m²；棚圈面积21 m²	
前房后院式；对半棚圈式（隔离式）	院落1　原建房舍　原建棚圈　院落2	用地面积340 m²；房舍面积30 m²；棚圈面积50 m²	

表 3.4 牧户单元院落空间尺度一览表

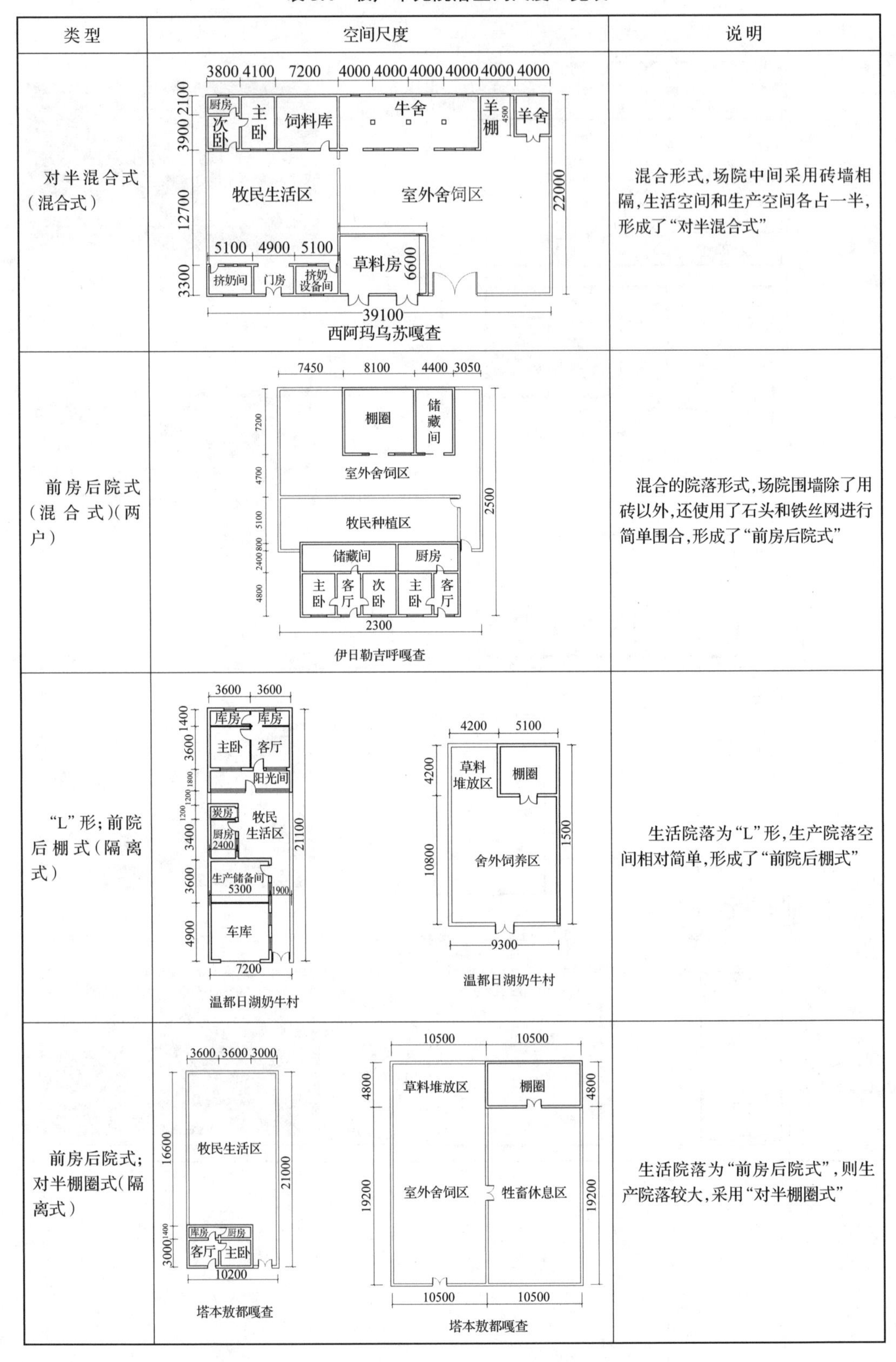

类型	空间尺度	说明
对半混合式（混合式）	西阿玛乌苏嘎查	混合形式，场院中间采用砖墙相隔，生活空间和生产空间各占一半，形成了“对半混合式”
前房后院式（混合式）（两户）	伊日勒吉呼嘎查	混合的院落形式，场院围墙除了用砖以外，还使用了石头和铁丝网进行简单围合，形成了“前房后院式”
“L”形；前院后棚式（隔离式）	温都日湖奶牛村　温都日湖奶牛村	生活院落为“L”形，生产院落空间相对简单，形成了“前院后棚式”
前房后院式；对半棚圈式（隔离式）	塔本敖都嘎查　塔本敖都嘎查	生活院落为“前房后院式”，则生产院落较大，采用“对半棚圈式”

综上所述，分开式院落形成的生活院落相对较小，但功能相对完善；生产院落集中独立设置，形成的空间规模比较大。混合式院落整体规模较大，具有对半分的特点，存在生活空间与生产空间面积近似的特点，存在空间剩余、浪费面积的缺点。

3.2.4　规划布局存在的问题

（1）基地选址没有依据和评估，不具备牧民生存条件

形成"空村"的生态移民定居点是由政府统一实施建设的，但在建设时期，没有具体的规定标准。生态移民定居点的建设应以中心镇为骨干，形成连接城乡的农村牧区－城镇体系。对于那些远离城镇，又交通不便的生态移民定居点，牧民没有了生活和生存条件，大部分定居点已无人居住，形成"空村"。整个定居点废弃闲置的院落较多，牧民实际居住用地比例较低，浪费大量的土地资源。

（2）规划布局过于僵硬，场地功能区交叉混用

生态移民定居点的布局多采用矩阵式或间隔式，原有的聚落布局中的公共场所，除了废弃的养殖场区和行政管理区域外，几乎没有健身娱乐、文化休闲等公共场地，甚至出现了功能区的交叉混用，使得场地使用功能模糊。这种利用方式完全不符合现今社会新牧区的发展标准，不能满足当代牧民的生活条件要求。

（3）闲置院落较多，空间利用不充分

课题组调研期间发现，很多牧户户门紧锁，隔着院落围墙可以看到院内杂草丛生。经过调查得知，近些年由于奶价不稳定，再加上养殖空间有限，大部分牧民去城镇务工，也有部分牧民回到以前的牧区从事养殖，冬季才会回到定居点。时间一久，这些生态移民定居点已经失去原有的功能，大量空闲院落占据了有效的土地，使其不能被利用。据统计西阿玛乌苏园区、温都日湖奶牛村、塔本敖都嘎查和伊日勒吉呼嘎查这4个生态移民定居点，约有40%的牧户单元有时会闲置；约18%的牧户单元不再有人居住，完全闲置。

（4）加建乱建现象严重，致使院落空间比例失调

随着社会的发展，牧民生活水平不断提高，家家户户基本上增添了农用机器和汽车；有的牧户从事了种植业或商业，使得原有的院落空间不能满足现有生活、生产的需要。牧户便在自家院落加建车库、储备间等辅助用房；每排尽端的牧户，为了扩大养殖空间，利用外围道路养殖牲畜，甚至在道路上砌筑院落围墙，切断了通行道路。建筑屋顶使用各种彩钢瓦，车库也换成了卷帘门，与周边草场风貌格格不入，外观凌乱，原有的院落空间比例失调，失去了原有生态移民定居点的范式，同时也丢失了生态移民定居点的建设初衷。

3.3 牧户单元建筑单体的现状特征

3.3.1 建筑形态特征分析

通过实地考察得知，原有的生态移民定居点基本功能空间组成模式，主要包括生态棚圈、牧户居住用房和青贮窖。青贮窖多见于内蒙古中部以西地区，是在院落内部或外部挖的约 7 m × 5 m × 3 m 的深坑，形成大面积浪费的挖方；而内蒙古中部以东地区，建有地上草料储藏间，用途广泛。

由表 3.4 可知各个生态移民定居点建设了统一标准的牧户居住用房，只是在规模大小和位置组合上各地有所差别。牧户居住用房的台基约为 0.2~0.5 m，一般多以石材砌筑基础，讲究的牧户会在基础外面进行水泥抹面处理。居住用房立面相对简单、素朴，主要以白色、蓝色和黄色上灰抹面，屋顶上有高约 0.5 m 的柱状烟囱，屋内为三段式、双开间的格局形式。各个生态移民定居点的屋顶形式各不相同，西阿玛乌苏园区等包头牧区的生态移民定居点采用平屋顶，进深方向的屋顶两侧做了女儿墙，而开间方向的两侧则做了挑檐；伊日勒吉呼嘎查等锡林郭勒牧区的生态移民定居点采用坡屋顶形式，仅在开间方向的两侧做了短的挑檐。居住用房包括卧室、起居室、厨房和储藏室，有时卧室兼做起居室。这样的空间大小仅适合三口之家，当人口增加时就显得空间过于狭小，这也是牧民普遍乱建住宅的原因。

同牧户居住用房一样，生态棚圈也是统一建设的。后期随着牧民需求的不断增长，也存在加建情况。生态棚圈是简单的砖混结构，外表不进行任何处理，红砖直接暴露在外面，屋顶多是双面的坡屋顶形式，形成了简单又粗糙的外表面特征。通过墙体和屋顶的围合，形成了半封闭和封闭两种空间形式。半封闭式棚圈，是指四周围墙不敞开而屋面半敞开的空间形式，这种形式限制了视线的穿透。其主要体现在屋顶的南向多是开敞的，可以清楚地看到裸露的桁架形式。这种棚圈的屋顶通过塑料薄膜进行遮盖，太阳可以直射到室内空间，在冬天增加棚圈内的温度；夏季室内温度升高，撤去薄膜，降低棚圈内的温度。同时，这样的形式更有利于通风。封闭式棚圈，主要通过围墙和屋顶形成了相对密封及闭塞的空间，并多在南向的外墙开有 600 mm × 600 mm 的外窗，多用木板、铁片做成活动的开启扇；屋面统一使用基瓦或者彩钢瓦盖顶，通过窗户进行采光和通风。除此之外，有的生态棚圈的围合墙面不开洞口，在南向的彩钢屋面切割洞口，用透明的彩钢填补，形成穿插的屋面形式，保证了采光，又避免了热量散失。屋顶上多见一些老虎窗或排气扇，有助于棚圈内的室内通风，这种形式多见于锡林郭勒等中部草原以东地区，如图 3.10、图 3.11。

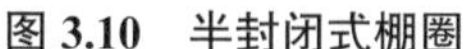

图 3.10　半封闭式棚圈

图 3.11　封闭式棚圈

3.3.2　建筑构造现状说明

生态移民定居点居住用房与棚圈建设由政府统一规划建设，在建筑建构方面显得比较简单。本节主要从建筑构造方面进行介绍，对墙体围护结构、屋顶建构形式、室内地面结构与门窗设置特征进行阐述，更好地把握建筑建构的形成过程，为后文做铺垫。

（1）墙体围护结构

牧户单元的围墙主要以砖砌为主，课题组在调研期间发现，住宅和棚圈围墙多采用多孔砖，主要是为了保证保温效果。在砖砌墙体上，用水泥砂浆找平，之后外刷白色漆料，在墙体上也会看到蒙古族饰纹和图案。除此之外，墙体会预留门窗、排气扇等洞口，南侧的窗洞尺寸多大于北侧的窗洞尺寸。为了提高保温效果，在建设新牧区的政策背景下，政府统一在外墙加设泡沫板，为室内蓄热助力。而院落围墙主要以实体砖砌成，不做任何处理，只在墙体的上端砌出“T”形或“U”形斜面，形成美观的效果。除了砖砌之外，牧户也会根据需要划分院落，多使用石头或木条建造围墙，上面贴有牛粪，牛粪即可以保温，又能在晾晒干后作燃料。

（2）屋顶建构形式

牧户单元住宅屋顶，主要有平屋顶和坡屋顶两种形式。平屋顶多见于包头的生态移民定居点，受砖砌墙体承重影响，上面盖楼板，再进行找坡和找平，覆盖防水卷材，最后施工附面层，屋顶上会看到很多凸出的大小不一的烟囱，如图 3.12、图 3.13 所示。这种屋顶形式缺少了很多层段，比如保温隔热层、隔汽层，致使室内不保温、室内外温差大，对其防水层也没有进行保护。坡屋顶为穿斗式的双屋面屋顶形式，室内做大吊顶，多见于锡林郭勒盟的生态移民定居点。屋顶多为两榀的木屋架，东西山墙上搁置主要檩条，垂直搭设次要檩条，上面覆盖秸秆、编织袋和草灰等辅助材料，最上面密排基瓦，如图 3.14、图 3.15 所示。这种屋顶相对经济，但是依然存在室内不保温、易腐蚀、耐久性差、易遭火灾、浪费资源等缺点。

封闭的砖木结构棚圈也采用穿斗式双屋面形式，其最大的特点就是在屋顶做了相应的老虎窗或排气扇，以便有更好的室内通风、采光。而对于半封闭的棚圈，区别在于只做了北侧屋顶，南侧不进行屋顶覆盖，以便得到更好的日照、采光和通风。到了寒冷的季节，南侧再覆盖透明塑料或彩钢，形成了灵活的屋顶形式。

图 3.12　平屋顶造型

图 3.13　砖混盖板结构

图 3.14　坡屋顶造型

图 3.15　砖木结构

（3）室内地面结构

生态移民定居点的住宅、棚圈和院落围墙的基础都是采用了当地石材的条形基础。石材基础具有不易腐蚀、防水和防潮的特点，由于石头具有外形不规则性，须在其之间的缝隙中灌满水泥砂浆，以增加石头基础的承压力。住宅和棚圈基础的施工与院路围墙施工不同，其施工时先挖基坑，再进行找平，后将石材基础深埋在土里，形成结实的墙体基础；而院落围墙不挖基坑，平整地面后直接施工基础，上面砌筑 1.5 m 高的砖砌墙体，相对比较稳固，具有施工就地取材、简单方便的优点。

对于室内地面来讲，棚圈内部只需要平整素土地面，相对简单；住宅则会在条形的石材基础围合的空间布局内，平整素土之后，放置 5~10 cm 厚的小石头，然后用水泥砂浆填充，最后再铺装砖块或者瓷砖。

（4）门窗设置特征

内蒙古属于内陆地区，冬季严寒，牧户单元住宅多采用双层门窗。窗以三扇或两扇居多，三扇则上部和中间多是亮窗，两侧为内开启扇；两扇则一侧固定亮窗，另一侧为内开启扇。对于要求不高的辅助房间，多为单层窗。相比较而言，北向窗尺寸小于南向窗，南向窗尺寸：高 1.5 m，宽 1.8~3.0 m。北向窗尺寸：高 0.6~1.0 m，宽 0.6~0.8 m。门多为双层门，同一侧固定门扇，外侧向外开启，内侧向内开启；也有阳光间围罩的单层门，门向院落方向开启。门分两部分，上部分是高 0.5 m，宽 0.9 m 的固定亮窗，下部分是高 2.1 m，宽 0.9 m 的活动门扇。建设时，门窗多是铁质框材和铁质门扇；后期改造时，牧民都会改成铝合金门窗。对于院落加建的辅助房间或室内房间来讲，多使用木制门窗。

封闭式棚圈的窗相对较小，多是向内开启的单层双扇窗，南北向都有设置，窗尺寸不固定。半敞开式棚圈的窗仅设置在南向，为单层活动扇窗，尺寸基本类似。无论哪种类型的棚圈形式，门相对较大，其尺寸为宽 1.5~1.8 m，高 2.0 m。门多设置在南向或者两侧山墙部位，为向外开启的形式，其门窗材质多为木制。有的棚圈会在南侧墙约 0.3 m 高的位置设置喂食口，洞口尺寸为宽 0.4 m，高 0.4 m，平时会用铁板堵住。

3.3.3　建筑结构及材料说明

内蒙古中部草原牧区生态移民定居点住宅和棚圈的建筑材料与建筑结构的选取都与当地的地域环境有着密切的联系。因地方不同，加上后期牧民的使用改造，房屋出现了不同的结构与材料形式。

生态移民定居点的居住用房以砖混和砖木结构为主，砖混结构多用砖砌墙体承重，上面盖楼板，形成平屋顶的屋面形式，多见于西阿玛乌苏等包头市牧区的生态移民定居点；而砖木结构多是砖墙承重结合穿斗式屋架，形成进深双向挑檐的坡屋顶形式，多见于塔本敖都嘎查等锡林郭勒盟牧区的生态移民定居点。而棚圈主要以砖木结构为主，砖砌围护结构，纵深墙体上搁置木制主梁，底下用若干木柱子撑起，形成单坡或双坡屋顶形式；少数从事大规模养殖的牧户在横向的墙体上搁置铁制桁架，形成若干榀（一个屋架为一榀），代替了木柱子的作用，相对比较牢固、结实。无论是居住用房还是牲畜棚圈，在材料运用方面，多使用如红砖、水泥瓦、彩钢或轻钢等现代材料。除此之外，这些建筑还使用了大量的本土材料，比如石材、木材、牛粪等。生态移民定居点对材料的混合运用，致使建筑材料多样化，出现高度模仿“城镇化”现象。因而为传统的建筑材料和施工技术进行现代化更新，提供了机遇与平台。

总体来讲，不论是砖混还是砖木结构，都有着取材方便、造价低廉和便于施工的优点，但也有不足的一面，比如强度低、抗震性能差、稳定性差、结构自重大等，更重要的是浪费资源、不环保，完全不符合生态移民定居点的实施初衷。可以看出，自然环境和牧户经济状况对建筑结构的影响很大。

3.3.4 建筑单体存在的问题

（1）建筑功能欠缺，无法满足当今牧民生活

草原牧区落后的生产方式，既决定了原有生态移民定居点的生活方式，也直接影响着居住形态的构成。因此原建居住用房和棚圈在平面布置和空间组成上很不合理，出现了动静不分、干湿不分、设备简单等情况，难以满足当今牧民的生活需求。在调查期间，很多牧户居住用房使用火炉采暖，多使用煤炭燃料，造成居住环境大气污染；给水方式多以压井或进城取水为主，致使生活给水难以保证，室内卫生器具无法正常使用，加上定居点无市政排污管道，卫生间只能作为储藏间使用，给牧民生活带来不便。

（2）建筑随意扩建，致使内部空间使用混乱

生活质量提高、家庭人口构成变化、牲畜数量增加等各种原因，都会导致建筑肆意被扩建与乱建，特别是后期牧民自行建设车库与搭建草料房，占据巨大的院落空间，致使院落内部空间拥挤，使用功能混乱。建立草原牧区生态移民定居点新技术策略，并指导定居点的规划建设，具有时代价值与意义。

（3）建筑结构抗震不良，技术水平低下

生态移民定居点居住用房与畜牧棚圈多为砖混结构，在少数牧区定居点会看到有砖木或轻钢桁架结构。由于牧民定居点位置都相对偏远，牧民文化水平有限，技术水平不高，都是按照上辈所传下的技术经验建造房屋，而对于交通便利的定居点，城镇化发展速度快，出现严重的建筑模仿现象，导致技术水平表现不均衡，房建结构抗震性不良。

（4）建筑形态过于单一，失去民族地域文化

生态移民定居点由相关政府统一指导建设，并以固定的模式存在，展现出统一的军营式定居点布局。笔直的道路和带有城市标记的建筑形态等严重套用城市发展的模式，此外居住建筑用简单的民族纹饰拼贴，畜牧棚圈的结构外露，导致其失去了原本具有的地域特色与民族风格。

3.4 牧户单元生态能源利用的现状特征

3.4.1 生态能源利用分类

所谓生态能源是指在生态资源中，能够作为能源使用的物质与能量，其是以太阳能作为能量来源，以养殖业与种植业相结合发展为利用方式，在生态环境良性循环之中产

生的一类可再生能源。这些能源具有不断再生，永久利用的优点，同时利用太阳能作能量来源，有利于生态系统中物质与能量的转换和守恒。生态能源可分为太阳能、风能、水能、生物质能与地热能五大类。

内蒙古地区具有独特的自然环境，且农牧区覆盖面积广，与城市相比有着大量的、丰富的自然清洁能源。其中，牧区能发展利用的生态能源包括太阳能、风能与生物质能，它们具有储存量大且分布广泛的优势，因而对于解决牧区生活与生产用能问题存在巨大的潜力。实地调研发现，内蒙古中部草原牧区在能源利用方面具体包括以下内容。

（1）太阳能利用

内蒙古地区太阳能资源丰富，且利用方式很多，主要是对太阳能光与热的转化再利用。目前，内蒙古中部草原牧区生态移民定居点的太阳能利用方式主要有主动式与被动式两种。牧户对其的使用目的，可分为照明、热水、炊事与采暖四个方面。

（2）风能利用

按照我国风能资源分布，内蒙古地区属于风能较丰富的地区。全年大风日数平均为 10~40 天，70% 发生在春节期间。其中内蒙古中部阴山以北地区年大风日数可达 50 天以上，目前中部草原牧区生态移民定居点主要是利用小型风力发电，该发电方式投资小、见效快、发电效率较高，但可靠性低，适合牧户家庭使用。

（3）生物质能利用

生物质能所具有的低污染性与可再生性，是其优于传统矿物燃料的重要特征之一。在内蒙古中部草原牧区生态移民定居点使用的能源中，生物质主要来源于生活与生产，主要包括农作物秸秆与牲畜粪便。这些固体废弃物提供了充足的可再生生物质能源。

3.4.2　生态能源利用概况

通过对生态移民定居点实地调研发现，牧户在使用生态能源方面，主要是受到技术与经济方面的限制，使用户数相对较少，未能形成普及化。

（1）太阳能利用

太阳能利用，主要通过太阳能光热与光电形成主动式或被动式的利用，在生态移民定居点中，常见利用方式主要是附加阳光间与太阳能光伏板，而利用太阳能的其他设备相对较少，如图 3.16、图 3.17 所示。

附加阳光间是被动式太阳房的一种特殊形式，具有吸热、储热和散热的作用。牧户在原有居住用房南向加建阳光间，与主体住宅相连的阳光间向外延伸约 1.5 m。阳光间的其他三面约为 0.7 m 高的围护墙，墙上安装直至屋顶的普通单层或双层玻璃进行保温，屋顶多为典型的单层彩钢板。附加阳光间能形成较好的气流缓冲空间，可降低夜间建筑室内热量的损失，同时，也可作为休闲娱乐与交通空间使用，增添室内活力的同时提高室内居住品质，如图 3.18 所示。

太阳能光伏板作为家庭生活夜间照明的补充能源来源，多设置于建筑的屋顶。由于不同牧户的生产生活方式存在差异，不同的居住方式，太阳能光伏板利用形式与布置也不相同。课题组调研发现，光伏板常设置在建筑屋顶或牧户院落，布置往往具有随意性，因此造成其使用寿命短，常会破损。除此之外，也会因为日照不充分的缺陷，致使太阳光能利用并不理想。

（2）风能利用

小型风力发电设备是目前可在生态移民定居点见到的利用风能的唯一方式，由于牧户的经济条件有限，加上技术缺乏，使用该种设备的牧户并不多。对于使用小型风力发电的牧户，一般采用独立运行的方式，通过简单的发电机向牧户提供电力，常会用蓄电池蓄能，以能保证无风状态下使用电能。

（3）生物质能利用

生态移民定居点的生物质能资源丰富，但应用情况并不理想。牧户使用生物质仅在发挥其表面的功能，比如牛粪作为定居点常见的生物质，被牧民贴在生产院落的围墙上，发挥了牛粪的保温功效，晒干的牛粪还可用作燃料，如图 3.19 所示。而利用沼气建沼气池的则相对较少，建有沼气池的牧户单元，多将沼气、沼渣用于家庭生活、农作物肥料等方面，并没有与牧户现存的生产方式相结合形成良好生态运行模式，此外也会常因沼气发酵不佳，导致使用效果并不理想。

图 3.16　太阳能热水器

图 3.17　太阳能发电

图 3.18　附加阳光间

图 3.19　牛粪墙面

3.4.3　生态能源利用存在的问题

（1）牧区用能水平较低，结构不合理

生态移民定居点生态能源丰富，且广泛存在于草原牧区，但对于满足牧民实际的生产生活并不是很充分，致使牧区用能水平较低。由于经济与技术水平的限制，定居点生态能源利用多是比较浅显的，生态能源没有发挥潜在的能量，更不能形成生态循环模式，存在能源利用结构不合理的现象。

（2）仍旧保持传统的能源利用方式，定居点环境污染较大

生态移民定居点的牧户在生产生活中仍然使用传统能源，比如可再生、煤炭等污染环境的能源，造成生态环境常出现烟熏火燎、尘土飞扬的景象，极大降低了定居点的用能环境和用能的卫生条件，同时传统能源也会导致农田与森林遭到严重破坏，未能解决牧户的实际问题，同时间接地破坏生态环境。

（3）生态能源技术应用建筑环节相对薄弱

通过调研发现，生态能源技术用于环境保护方面较多，没有真正形成与建筑一体化的技术利用，比如风能与生物质能，在定居点使用受到限制，并未真正得到普及。同时由于应用生态能源的建筑技术有限，再加上客观自然环境的影响，使得生态能源并未发挥潜在的作用，还需要更进一步的研究与探讨。

3.5　定居点牧民福祉现状调研分析

3.5.1　人居环境现状分析

草原牧区特有的文化背景，使得牧民的生产和生活被紧密地联系在一起。本书中绿色生态的人居环境指牧民的生活环境。

定居点整体布局较为方正，大多是沿主干道左右对称布局，其主要的两大构成空间，即生产空间与生活空间在对称布局中有着一定的组成差别。锡林郭勒盟正蓝旗敖力克嘎查、塔安图嘎查的生产空间与生活空间是镜像式布局，一般是两户或者多户的生活空间相连，布置在小路一侧，另外一侧是对应相连接的生产空间，整体再以主干道为轴线呈镜像对称。这种布局模式将牧民的生活空间与生产空间进行了一定的分割，同时又保持了较为紧密的联系，如图 3.20 所示。

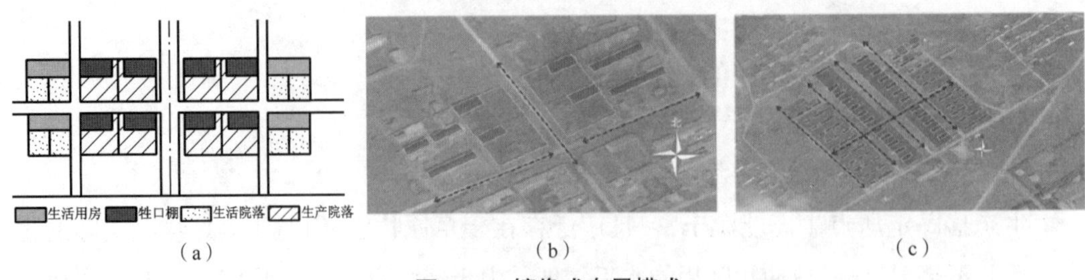

（a） （b） （c）

图 3.20 镜像式布局模式

（a）镜像式布局平面图 （b）锡林郭勒盟正蓝旗敖力克嘎查 （c）锡林郭勒盟正蓝旗塔安图嘎查

锡林郭勒盟镶黄旗新移民村与包头市达茂旗西阿玛乌苏的生活空间与生产空间是相结合式布局，生活空间在南侧，生产空间在北侧，之间以院落分隔，大多是两户紧挨在一起，形成一个单元，多个单元再进行排列。该布局中，生活空间与生产空间联系过于紧密，使得两者之间相互影响较大，如图 3.21 所示。这种布局模式应用最为广泛，类似的还包括包头达茂旗大林场移民村、东阿玛乌苏；锡林郭勒盟正蓝旗伊日勒吉呼嘎查、锡林浩特市新康村、宝力根苏木、31 团移民村；苏尼特右旗都呼木嘎查等。

镶黄旗温都日呼嘎查与正蓝旗巴彦乌拉嘎查采用生产区与生活区完全分离的布局模式，生活区以两户为一个单元，多个单元并排，生产区也是如此，生产区与生活区之间以主干道或者空地分隔开。在这种布局模式下，生产区对于生活区的影响较小，有利于生活区的环境建设，是一种更为合理的布局模式，如图 3.22 所示。

（a） （b） （c）

图 3.21 结合式布局模式

（a）结合式布局平面图 （b）锡林郭勒盟镶黄旗新移民村 （c）包头市达茂旗西阿玛乌苏

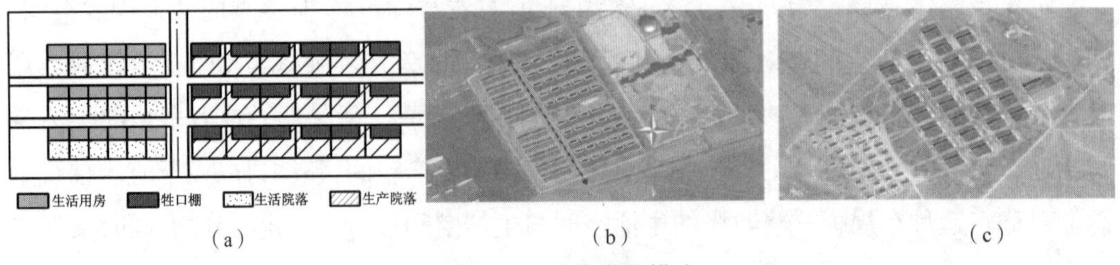

（a） （b） （c）

图 3.22 分离式布局模式

（a）分离式布局平面图 （b）锡林郭勒盟镶黄旗温都日呼嘎查 （c）锡林郭勒盟正蓝旗巴彦乌拉嘎查

定居点的人居环境建设整体较差，有的定居点距离城镇中心较远，大约 20 km，且缺乏便利的交通设施与相应配套商业服务，这导致牧民出行及购物很不方便，牧民出行与购物时以自家电动车为主要交通工具，一般会一次性购买很多物品，来满足一段时间内的生活需要，或者等待流动售卖车定期购买一些瓜果蔬菜。多数定居点实现了主要道路的硬化，但是有的定居点在布局时没有将生活区与生产区分开，使得生活区受生产区影响较为严重，主要表现为生活区绿化被牲畜啃食，牲畜粪便污染等。而在一些采用生活空间与生产空间分离布局的定居点，生产空间对生活空间的影响较小，生活空间环境建设较为良好。定居点取水多以井水为主，几乎每家院子中都有一个水井，但是部分定居点存在生活用水被污染的问题，井水不能作为生活用水，只能给牲畜饮用，牧民生活用水需要用车到县城或者别的地方获取。定居点硬质健身场地一般和村委会配套设置在一起，而有的村委会设置在定居点一侧，距离另外一侧的牧户较远，而且村委会大门并非一直开放，这更加导致硬质健身场地的使用率低。定居点在建设时，牧户家里并没有独立的厕所，都是公共的旱厕，卫生条件较为恶劣。由于定居点没有设置统一的排水设施，使得生产与生活污水直接外排，对生态环境造成一定的污染。牧户居住空间较为狭小，移民按户来分房，无论家里有多少人，只能得到 40~60 m^2 不等的房子，且这些房子多为一层，导致牧民往往根据自家情况进行扩建，如图 3.23 所示，这不仅破坏了整体风貌，而且也加大了牧民的经济负担。

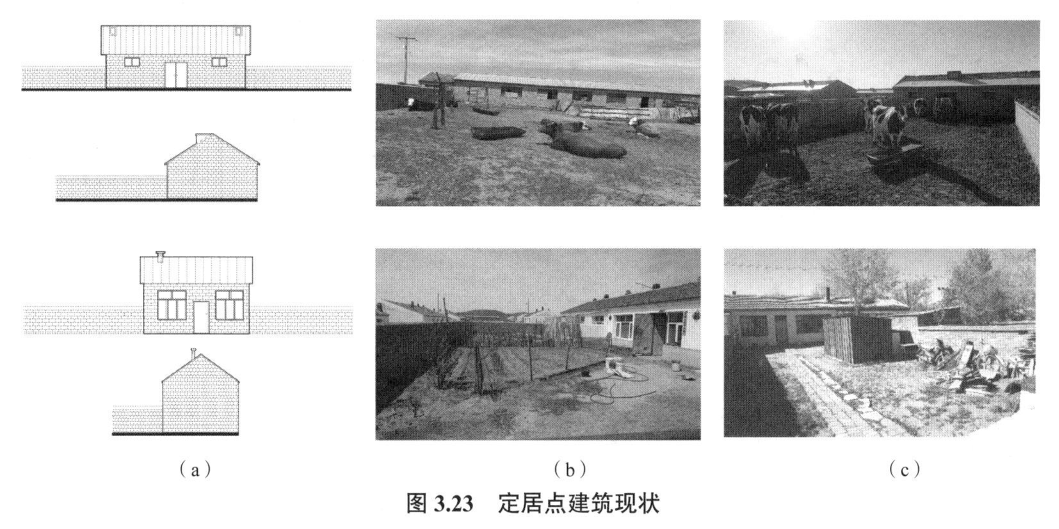

（a）　（b）　（c）

图 3.23　定居点建筑现状

（a）立面图　（b）锡林郭勒盟镶黄旗温都日呼嘎查　（c）锡林郭勒盟正蓝旗巴彦乌拉嘎查

在定居点规划建设中，应当合理设置生活用房的面积，在满足牧民当下居住需求的同时，设置预留用地，以满足牧民今后空间增长的需求。同时，应当提高其他环境设施的建设水平，如生活污水处理、独立厕所等，如图 3.24 所示。

图 3.24　定居点人居环境现状

（a）达茂旗东阿玛乌苏污水排放　（b）正蓝旗伊勒吉呼嘎查取水井　（c）锡林浩特市欣康村公厕
（d）镶黄旗温都日呼嘎查污水排放　（e）正蓝旗敖力克嘎查取水井　（f）正蓝旗塔安图嘎查公厕

3.5.2　经济发展现状分析

对于以牧业为主要生产方式的移民，定居点的生产环境建设对其生产影响较大。移民定居点生产空间大小不一，较大的有 3 600 m^2 左右，较小的只有 120 m^2 左右。牧民移民后多以养殖奶牛为生，但是由于养殖规模受限制以及牛奶收购价格不稳定等因素，导致现在奶牛养殖的整体情况较差，如表 3.5 所示。牧畜、养殖离不开草料，牧民移民定居后，牲畜所需的草料主要依靠购买，不仅饲养成本较高且大多都是品质不好的枯草。在达茂旗的东阿玛乌苏生态移民定居点，政府在定居点周边给每户牧民分配了一定面积的草

表 3.5 定居点生产空间现状

空间布局比例模式 生活用房 牲口棚 生产院落			达茂旗东阿玛乌苏 每户生产空间面积：600 m^2		苏尼特右旗都呼木嘎查 每户生产空间面积：600 m^2	
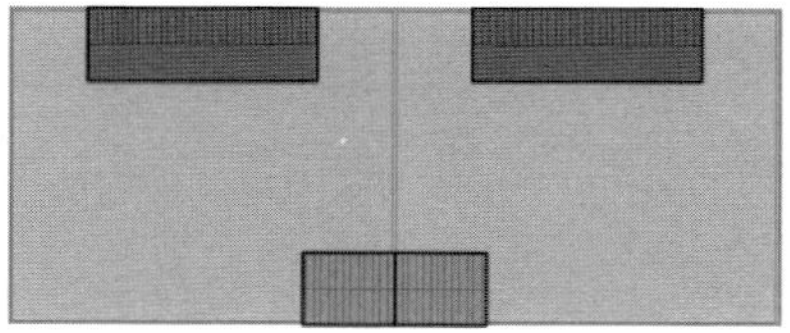						
各调研点生产空间面积	调研点名称	每户面积	调研点名称	每户面积	调研点名称	每户面积
	达茂旗西阿玛乌苏	600 m^2	达茂旗林场移民村	600 m^2	镶黄旗温都日呼嘎查	140 m^2
	镶黄旗新移民村	300 m^2	锡林浩特市欣康村（小户）	740 m^2	锡林浩特市欣康村（大户）	3 600 m^2
	锡林浩特市敖包图嘎查	740 m^2	锡林浩特市 31 团移民村	3 600 m^2	正蓝旗伊日勒吉呼嘎查	200 m^2
	正蓝旗敖力克嘎查	150 m^2	正蓝旗巴彦乌拉嘎查	150 m^2	正蓝旗塔安图嘎查	100 m^2

场，在一定程度上解决了牧民养殖所需的新鲜草料问题，其他大多数定居点的牧民是没有分配草场的，有的定居点在搬迁前政府曾许诺分配草场但是一直也没有兑现。定居点的商业服务设施是比较简单且匮乏的，大多是以牧民自己开设的小超市为主，其他的一些商业服务主要依赖城镇。在一些临近交通干道的定居点，牧户充分利用便利的交通优势发展了一些对外的商业服务项目，如饭店、汽车修理厂等，还有临近旅游景点的定居点，牧户开设了农家乐等，丰富了地区经济形式，也提高了牧民收入。

移民定居点的规划建设不应当完全遵照某个固定的准则来执行，应根据具体选址的环境特点，充分利用环境资源才能让移民定居点在新的环境中持续发展。移民定居点利用新的环境资源发展多元经济是一条可持续的发展道路。

3.5.3 文化教育现状分析

生态移民在一定程度上改变了牧民传统的生产和生活方式，牧民必定要接受和学习新的文化。少数移民定居点的建设保留着传统的文化符号与节庆活动，更多的定居点由于场地环境等原因限制，传统的节庆活动已经没落，丢失了地域特征。一般定居点内是没有设置学校的——无论是幼儿园还是中小学。牧民家庭的儿童要到城镇去上学，距离较远，每天接送孩子给牧民带来很多不便。少数定居点结合村委会设置了文化活动室，但由于使用率低，这类文化活动室大多已经关闭，或成为库房。

在规划建设中，应当充分考虑牧民举办传统活动的空间需求以及牧民家庭儿童的教育需求，同时应当促进牧民对新文化的学习。

3.5.4 社会建设现状分析

社会建设主要描述移民定居点的社会基础设施建设。移民定居点的通信、通话工程建设较为完善，其他基础设施建设较为薄弱，对城镇基础设施有很大依赖性。少数定居点建立了兽医站，但是由于牧业的衰败，兽医站都已经废弃。基本所有牧户家里都是没有独立厕所的，大家都是依赖公共旱厕，不仅卫生条件较差，且很不方便，很大程度上降低了牧民的生活质量。

依靠城镇基础设施在一定程度上能节约资源，保证设施利用率，这并不代表依赖性越高越好。在移民社区的规划建设中，应当根据牧民的生产和生活需求来设置基础设施，以保证牧民的生活便捷舒适。

3.6　小结

本章主要对内蒙古中部草原牧区生态移民地区的自然环境与社会环境进行阐述。通过对内蒙古中部地区与中部草原牧区的概念界定，分析现存生态移民地区人居环境特征，这些特征正是影响生态移民定居点规划布局与建筑单体形成的基础，更好地为后文的相关研究工作做相应的准备。

通过对 13 个移民定居点的调研分析，发现了定居点建设特征与不足之处，极大地丰富了预评价体系表的评价内容。

从定居点的特征来看，环境建设状况最好的是分离式布局，这样的布局使得生活区道路能够 100% 实现硬化，能够很好地进行生态环境建设，牧民可以利用庭院发展一定规模的庭院经济，是未来定居点建设中值得参考的一种建设模式；房屋建设多是一层，是对传统牧民居住空间的传承与延续，其一字形的布局为所有房间争取到了最好的采光，为新的定居点提供了合理的参考模式；定居点建设的生产空间大小不一，多数定居点的生产空间较小，难以适应牧民的养殖规模，这导致了牧民后期随意搭建的情况较为普遍，严重破坏了定居点风貌，本书将该项列为预评价体系表中非常重要的一项。

在人居环境方面，定居点的人居环境建设整体较差，存在生活用水被污染；牧户没有独立厕所、生活污水直接外排、牧户居住空间较为狭小等问题。移民按户来分房，无论家里有多少人，只能得到 40~60 m^2 的房子，且房屋多为一层，导致牧民需要根据自家情况再进行扩建。这不仅破坏了移民定居点的整体风貌，而且也加大了牧民的经济负担。

在经济建设方面，多数定居点的牧民没有距离较近的草料种植地，全年依靠购买草料从事牧业，造成了很大的经济负担；定居点建筑都是简陋的砖瓦房，多数出现破漏的情况，建筑的节能性较差，且未采用任何可利用的清洁能源，牧民冬季取暖成本较高。这些问题严重影响了牧民的日常生活，本书将此纳入预评价体系表，希望在新的定居点建设中，这些问题能够得到良好的改善。

在文化建设方面，目前定居点建设存在公众参与度、生态环境与健康意识宣传率较低，体育活动室与文化活动室缺失等问题。其中，牧民最关切的是儿童的教育问题，有些定居点附近没有设置适合牧民儿童的双语学校，导致牧民不得不离开定居点，在其他地方租房并靠打工生活。预评价体系表将文化建设方面的众多问题都纳入其中，一方面希望通过提高定居点建设时的牧民参与度以及牧民的生态意识，使得新的定居点更加符合牧民的生活方式并能够保证生态持续的发展；另一方面希望牧民儿童能够得到便捷的教育服务，减轻牧民的生活负担。

在社会建设方面,定居点的社会基础设施建设较为简单,很多设施需要依靠就近的城镇。预评价体系表将最贴近牧民生产与生活的基础设施建设纳入其中,希望未来通过有效的基础设施建设,为牧民的生产与生活提供最基本的保障。

中　篇
典型定居点规划建设预评价体系构建

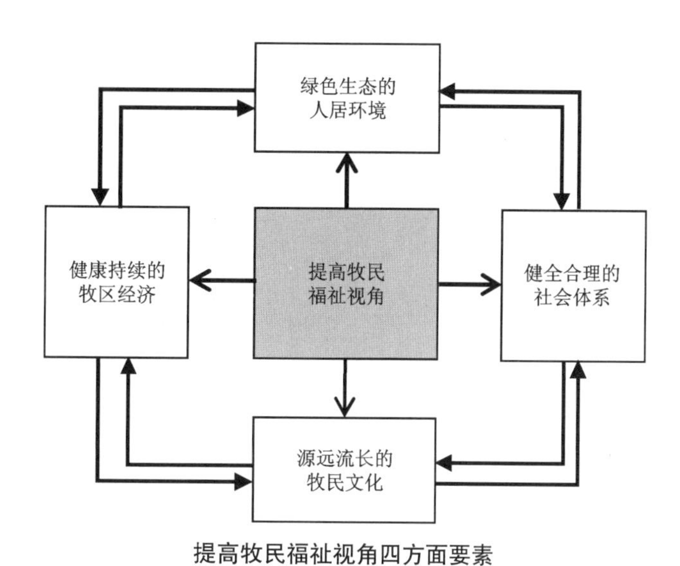

提高牧民福祉视角四方面要素

第4章 草原牧区典型定居点预评价体系构建

4.1 预评价体系构建原则

4.1.1 科学性

评价体系的科学性是指所建立的评价体系要能够清晰明确地描述所需要评价的目标,在考虑评价体系完整性的同时,体系不能过于复杂,太复杂的评价体系虽然能更加准确地指导评价,却难以推广。同时,整个评价体系无论是单个指标项的选取,还是整个体系的构建以及计算分析,都应当建立在对该地区的实际情况有较为深刻的了解的基础上。本书评价体系以网络调研及实地调研两者相结合为基础,以确保评价体系的科学性。通过网络调研了解生态移民的过去,建立初步的评价体系表,以初步的评价体系表作为实地调研的提纲,以实地调研的方式了解生态移民的现状,并对初步的评价体系表进行修改和完善,形成最终的评价体系表。

4.1.2 地域性

评价体系在建立过程中难免会参考和学习其他已经建立或者实施了的成功案例。但是在参考和学习的过程中,要把握好一个度。在准确把握评价体系评价目标的同时,既要学习其他成功案例的长处,又要体现自身的地域特色。只有具有地域特色的评价体系才能准确地反映出该地区定居点的真实发展与建设情况。

内蒙古自治区具有独特的文化背景与发展历史,内蒙古生态移民同样也具有其自身的地域特色。在建立评价体系时,应当从其特有的背景和特色出发,选取能表达出地区特色的指标项与指标值,这样建立的体系才能更好地保证对目标项的评价。

4.1.3 可操作性

在评价体系的建立过程中,指标项的选取是很关键的一步。指标项既要全面系统地反映出所要评价的内容,同时又不宜过于冗杂,过于冗杂的评价体系推广难度较大。同时,所选取的指标应当多用数据来量化表达,即保证指标可计算。所以在选取指标项时,有的指标项对评价的意义重大,但是具体的指标值难以获取,最常见的就是一些定性的指标,其难以量化,后期无法计算。为了确保评价体系的可操作性,这样的指标项不得不舍弃。

4.1.4 公众参与性

公众参与是指公众参与到生态移民社区的前期规划以及建设中。目前,大多数评价体系的建立都是站在政策和相关文件的高度,往往忽略了公众的参与。公众参与到评价体系的建立中,能更好地保证体系的科学性与地域性。

从提高牧民福祉的角度来看,只依靠相关文件和政策难以真实全面地反映出牧民的福祉需求。所以在评价体系的建立过程中,深入牧民群众中调研,真实地了解牧民的福祉需求是不可或缺的一步。

4.1.5 前瞻性

预评价体系的对象是建筑策划构想的模型,是为以后的建筑设计提供构想预测,所以在建立评价体系时,要具有一定的前瞻性,合理地预测研究对象今后的发展。

4.2 预评价体系构建依据及思路

4.2.1 预评价体系构建的依据

预评价体系的构建依据主要有三个。

第一,依据其他已经建立并开始使用的评价体系,即参考其他评价体系。在前期,通过文献调研的方式对国内外运用较广泛的评价体系以及实施较成功的评价体系进行了深刻的了解和学习。如英国 BREEAM Communities 可持续社区评价体系、美国 LEED-ND 社区规划与发展评价体系、《关于印发〈国家生态文明建设试点示范区指标(试行)〉通知》(环发〔2013〕58 号)、《关于印发〈国家级生态村创建标准(试行)〉的通知》(环发〔2006〕192 号)等都是预评价体系的参考依据。

第二,依据国家近几年有关乡村建设的文件以及内蒙古地区近几年与提高牧民福祉的相关政府文件,如《内蒙古自治区人民政府关于建立农村牧区人居环境治理长效机制的指导意见》(内政发〔2017〕92 号),内蒙古自治区发展和改革委员会 2016 年出台的《内蒙古自治区国民经济和社会发展第十三个五年规划纲要》以及《美丽乡村建设指南》（GB/T 32000—2015）等。

第三，依据调研问卷中所记录的牧民有关福祉建设的需求。调研以牧民为主要对象，调研的其中一个很重要的目的就是通过在牧民间的走访与交谈，真实记录牧民生产以及生活中与福祉建设的相关需求。这样不仅能使评价体系真实地反映主题，同时在一定程度上保证了体系的科学性以及地域性。对于一些指标项，难以在现有的政府文件和相关规范中找到具体的评价标准。对于这样的指标项，会经过大量的实地调研来确定其评价标准。课题组在调研过程中，会详细记录牧民对这类指标项的建设需求，在大量收集数据后，对数据进行整理分析，得出最后的评价标准（详见附录 C）。

4.2.2　预评价体系构建思路

提高牧民福祉的建设以人居环境建设、生态文明建设、可持续发展理论、社会主义新农村建设以及美丽乡村建设等为理论基础，包括环境、经济、文化、社会四个层面。在评价体系及其标准的构建中，以建筑学、社会学、生态学等多学科的知识相结合。同时，作为预评价体系，其与后评价体系有着一定区别与联系。其区别在与它们使用的时间段不同，预评价体系是对建筑策划的构想进行的预测评价，发生在建筑的策划阶段；而后评价体系是在建筑建成和使用一段时间后，对建筑性能进行系统、严格的评估的过程。这个过程包括系统的数据收集、分析，以及将结果与明确的建成环境性能标准进行比较。其联系在于预评价是建立在后评价体系的基础上的，即对已经建成并投入使用的同类型建筑进行后评估后，将总结归纳结果作为预评价的一个重要依据（详见附录 B）。

通过对国内外使用及实施效果较好的评价体系进行学习和参考，再结合内蒙古自治区生态移民自身的特点，课题组通过以下几个步骤构建出评价体系。

（1）确认建设目标

课题来源于国家自然科学基金资助项目“提高牧民福祉视角下草原牧区生态移民典型绿色社区重构及评价”，所以应当准确把握评价体系的目标项，这是整个评价体系最重要的组成之一，后期的一切工作都应当围绕着这个目标项来进行。

（2）收集、整理相关数据与资料

在确认目标项以后，应当围绕着目标项收集、整理基础资料。内蒙古自治区生态移民已经有了十多年的历程，在此期间已有很多专家学者对此展开了研究，并得出了自己的结论。课题组通过对相关文献进行阅读，学习和了解内蒙古自治区生态移民的过去以及现在，分析总结其中的成就与不足之处，为后期研究做好铺垫。

（3）确定评价体系准则层

在确认了建设目标以及做了大量基础信息的收集之后，需要以建设目标为中心，以资料为基础，确认出评价体系的分类框架，即评价体系中的准则层。准则层是对目标层进一步的阐明与概述，是从不同的方面来实现目标层。在大量的基础资料收集整理之后，从绿色生态的人居环境、健康持续的牧区经济、源远流长的牧民文化、健全合理的社会体系四个方面来描述牧民福祉。所以评价体系的准则层就是环境、经济、文化、社会四个方面。

（4）选取合适的指标项，建立初步的评价体系表

预评价体系需要建立在对相同或类似建筑类型的后评价的基础上。也就是说要对现有的、已经投入使用的同类型建筑进行充分的了解，而建立评价体系表是为了让学者在调研时更加有方向、有目标，防止做无用功和重复的工作。

在选取指标项时，要遵照其选取的原则，即科学性、地域性以及可操作性等。指标项是准则层的下一级子系统，是对准则层更加细致的描述，所以指标项也就是子准则层。在建立初步的评价体系表时，指标项的来源主要是对政府相关文件的规定以及类似评价体系的学习。

（5）利用初步的评价体系表实地调研

将初步的评价体系表转换成调查问卷的形式，利用其进行实地调研。主要有三个目的。首先是确定指标项的可操作性，评价体系的指标项要求是可以量化的，同时要保证数据方便获取且权威有效，所以在调研过程中要积极获取初步评价体系表中指标项的数据，对于难以获得准确数据的项目应当做出标记，后期考虑以其他方式获得数据或者去掉该项。其次是通过调研获取指标值，为了保证评价体系表的指标值的权威性，最好是参考国家以及地方文件及相关规定，自上而下地确定指标值。但是由于专业角度总有差别，有的指标值难以在相关文件中获取，所以要通过调研的方式来获得，普遍了解牧民对这类指标项的建设需求，自下而上地确定指标值。最后是丰富和完善评价体系表，初步的评价体系表是建立在大量的文献调研及网络调研的基础上的，而文献总是从学者自己的专业角度以及研究角度出发，与当下的研究总有差别，再加上很多文献撰写的时间较为久远，难以反映现在的真实情况。所以想要获得与自身研究内容相贴切的更加完善的评价体系表，需要实地调研，了解牧民现在的真实需求，将其合理的需求融入评价体系表中。

（6）专家打分

专家打分是层次分析法中最重要的一个步骤，指的是相关领域的专家学者根据自身的专业知识以及经验，对评价体系中指标项的相对重要度进行评判，按照相对重要度给予一定的分值。在确认评价体系框架以后，将评价体系打分表转换成网络调查问卷，以选择题的形式呈现出来，以各个分值作为选项，不仅方便各位专家学者填写，也方便后期的结果统计。

(7)层次排序的一致性检验

层次排序的一致性检验包括层次单排序的一致性检验以及层次总排序的一致性检验。其目的是为了将专家打分结果的逻辑误差控制在一个很小的范围内,其结果以组合信度(CR)值表示。若一致性检验结果 CR 值小于 0.1,则进入下一步;若一致性检验结果 CR 值大于或者等于 0.1,则需要对打分结果进行调整或者重新再打分。

(8)计算权重

分别用层次分析法和熵值法计算权重,再求其结果的加权平均值,获得综合权重。至此,评价体系的建立与权重的赋值基本完成。

4.3　评价因子的选取

4.3.1　准则层的选取

准则层是对目标层的直接描述,属于目标层的下一层级。评价体系准则层的选取主要是根据我国先后发布的《关于印发〈国家生态文明建设试点示范区指标(试行)〉的通知》(环发〔2013〕58 号)、《关于印发〈国家级生态村创建标准(试行)〉的通知》(环发〔2006〕192 号)、《农业部办公厅关于开展"美丽乡村"创建活动的意见》(农办科〔2013〕10 号)等一系列生态乡村建设指导及考核指标。再结合内蒙古自治区颁布的《内蒙古自治区国民经济和社会发展第十三个五年规划纲要》《内蒙古自治区党委、自治区政府关于积极发展现代农牧业、扎实推进社会主义新农村新牧区建设的意见》(内党发〔2007〕1 号)等文件中提出的实现牧区的生态环境、经济、社会效益的有机结合的相关内容。本书最终以绿色生态的人居环境、健康持续的牧区经济、源远流长的牧民文化、健全合理的社会体系四个方面来描述牧民福祉,即确定了环境、经济、文化、社会四个准则层。

4.3.2　指标层及指标值的选取

指标层是对准则层的详细描述,属于准则层的下一层级。指标层及指标值的确定分成两个步骤完成,先是通过网络调研以及文献调研确定初步指标项,再经过实地调研,对初步的评价体系表做出一定的修改和调整,确定出最终的评价体系表。其中,预评价体系表指标值的选取以中型嘎查与大型嘎查的建设需求为主要依据,特大型嘎查与小型嘎查的建设可以以此为参考。

绿色生态的人居环境主要是指牧民的生活环境,在准则层环境之下最后确立了选址距离城镇中心距离、人车专用道路硬化率、生活污水处理率、生活用水卫生合格率、硬质健身场地面积、生活院落面积、生活住房面积、户用独立厕所普及率、垃圾收集点服务半径九个指标项。

定居点建设选址离城镇中心距离（C_1）对牧民的生产和生活有很大的影响，一方面牧民生活要依靠城镇设施，如医院、学校等；另一方面牧民的生产产品如牛奶、奶豆腐等要便于运往城镇销售，所以将“选址距离城镇中心距离”列为预评价体系表中重要的一项。在选取该项的指标值时，借鉴了《城市居住区规划设计标准》（GB 50180—2018）中十五分钟生活居住圈的设计理念，其原意是指居民在步行十五分钟可达到的空间范围内，配置日常的基本保障性公共服务设施和活动场所，完善的教育、文化、医疗、养老、体育、休闲以及创业等服务功能。结合内蒙古牧区特殊的居住环境，人口密度相对于城市较小，难以真正地实现十五分钟生活居住圈的要求，在多方调研与访谈后，提出十五分钟骑行生活圈的理念。牧民现有的交通工具以电动两轮轻便摩托车为主，在《电动摩托车和电动轻便摩托车通用技术条件》（GB/T 24158—2018）中规定其行驶的设计车速不超过 50 km/h，而牧民实际的行驶速度在 35 km/h 左右，按十五分钟的行驶时间来计算，行驶大约 8 km 后牧民应当能到达城镇中心。

在《内蒙古自治区新农村新牧区规划编制导则》中将内蒙古牧区嘎查的道路分为两种：一种是人车专用道路，主要设置在牧民生活区，应当合理硬化；另一种是人畜道路，主要设置在生产区，路面应以砂石、土质为主，不宜采用硬化道路。对人车专用道路的硬化不仅方便牧民日常生活的通行，同时有利于生活区优美环境的建设。人车专用道路硬化率（C_2）的指标值应借鉴《美丽乡村建设指南》（GB/T 32000—2015）中有关村庄主要道路硬化率的规定，应当达到 100%。

通过调研发现定居点的生活与生产污水都是采用直接外排的方式处理，任其顺着地势高低流淌，最后浸入土地中。这样不仅在流淌过程中造成了严重的环境污染，同时浸入土地的污水对地下水也造成了一定的影响，这样让污水直接外排的方式给定居点的环境建设带来了很多不利的影响，严重影响牧民的生存与发展，所以本书将牧民的生活污水处理纳入预评价体系表中。在《美丽乡村建设指南》（GB/T 32000—2015）与《关于印发〈国家级生态村创建标准（试行）〉通知》（环发〔2006〕192 号）中都对乡村的生活污水处理率（C_3）做出了具体的规定，即应当达到 70% 及以上，预评价体系表参考此数据作为生活污水处理率的评价指标值。

目前，定居点生活用水以井水为主，由于环境的污染，水质与水量难以保证。部分定居点由于地下水水质较差，只能用来喂养牲口，牧民需要到城镇买水来满足生活所需，这给牧民的生活带来了诸多的不便。预评价体系表借鉴《关于印发〈国家级生态村创建标准（试行）〉通知》（环发〔2006〕192 号）中有关饮用水合格率的规定，以满足 95% 以上为生活用水卫生合格率（C_4）评价的指标值。

全民健身不仅关系到牧民的身体健康，同时也关系到牧民的幸福生活的实现，是我国综合国力提升与社会文明进步的重要标志。内蒙古包头市达茂旗政府出台的《包头市达尔罕茂明安联合旗全民健身实施计划（2016—2020 年）》以政策的形式对全民健身事业做出了详细的规定。对于牧区定居点而言，一定规模的硬质健身场地是牧民参与全民健身的重要保障。在《内蒙古自治区新农村新牧区规划编制导则》规定中型嘎查的健身场地面积应为 500 m^2，大型嘎查的健身场地面积为 700 m^2，所以预评价体系以 500~700 m^2 为硬质健身场地面积（C_5）评价指标值。

《内蒙古自治区新农村新牧区规划编制导则》中规定，农区和半农半牧区现状人均耕地不足 2 亩的每户规划宅基地面积不超过 250 m^2，而牧区的宅基地面积以此为参考，按照牲畜数量计算增加相应的面积。由于在预评价体系表中生活空间面积与生产空间面积是分别独立的，所以在生活空间面积上参考该指标值时不考虑牲畜数量的影响。在 250 m^2 的基础上去掉生活住房的面积则为生活院落的面积，最后以 160~190 m^2 为生活院落面积（C_6）的评价指标值。

牧民的生活用房面积普遍较小，为 40~60 m^2 不等，一般是两个房间，只适合于人口较少的家庭，对于人口较多的家庭，房间不够使用，所以牧民自搭自建的现象比较普遍。牧民对生活用房的扩建大多是在自家院落内紧挨着原有房屋再建一间卧室或者在屋后增设一间厨房及储藏间等，在牧民搬迁多年后的今天，牧民的居住空间基本定型，而扩建后的居住空间面积多为 90 m^2 左右，也就是说 90 m^2 的居住空间能满足多数牧民的生活需求，所以预评价体系表以 60~90 m^2 为生活用房面积（C_7）的评价指标值，以满足不同人口数量的家庭需求。

在调研中发现，定居点的厕所都是公共旱厕，户内没有设置厕所，个别牧户在自己家里修建厕所是极个别的情况。旱厕无论是在夏季还是冬季都对牧民的生活造成很多不利的影响。在《内蒙古自治区国民经济和社会发展第十三个五年规划纲要》中明确提出了牧区重点开展垃圾收集处理以及卫生厕所改造等环境整治方案，以提高牧民的生活质量。预评价体系借鉴《国家级生态村创建标准（试行）》中有关户用卫生厕所普及率（C_8）的规定，以大于等于 80% 为评价指标值。

垃圾的收集和及时的处理对定居点的环境建设十分重要，合理设置垃圾收集点能为牧民生活带来很大的便利，在一定程度上能减少牧民随意丢弃垃圾的行为，有效营造良好的定居点环境。预评价体系表参考《内蒙古自治区新农村新牧区规划编制导则》中有关垃圾收集点服务半径的数值，以小于等于 70 m 的服务半径为垃圾收集点服务半径（C_9）的评价指标值。

健康持续的牧区经济主要指牧民的生产，有草料种植面积、生产空间面积、绿色建筑比例、清洁能源普及率、便民超市面积五个指标项。

草料种植面积（C_{10}）是指牧民在移民后，政府在新的移民点为每户划分的新的草料种植地面积。根据达茂旗政府的相关工作人员介绍，达茂旗政府对东阿玛乌苏的移民户划分了一定面积的草料种植地，面积大概是在 20 亩（约 1.33 公顷）左右。在和当地的牧民访谈中得知，牧民移民前的草场大多采取的是围封禁牧的政策，也就是说原来的草场不能再从事牧业，但是牧民在草料成熟的季节可以到草场收割草料。而对于一些距离较远的移民定居点，牧民只能依靠购买草料来维持牲畜的养殖。因此草料种植地生产的草料主要是为了解决牲口冬季的草料需求，因为在冬季草料价格相对会贵一些。但是对于 20~30 头的养殖规模来说，20 亩地的草料不够其整个冬季的使用，其具体情况还受到当地草料的亩产量影响，最后在经过对多位牧民的访谈后，选取 30~45 亩作为该项的评价指标值。

牧民在移民之初多以养殖奶牛为主，现在牧民除了养殖奶牛以外还养殖肉牛，与原来的养殖模式相比，牧民的养殖规模受到了很大的限制。根据调研访谈得知，最初每户牧户养殖两头奶牛时根本不赚钱，售卖牛奶的收入只够为奶牛购买草料，想要基本维持家庭生活至少需要养殖 10 头牛左右，而想要有一定积蓄则需要养殖 20~30 头牛。定居点修建的生产空间基本都是 600 m^2 左右，在有的定居点这 600 m^2 的生产空间归一户使用，而在有的定居点则由 3 户或者 4 户共同使用，这样就显得生产空间尤为狭窄。根据牧民介绍，600 m^2 的生产空间面积对于 25 头左右的成年牛基本够用，所以在养殖 20~30 头牛时，每户的养殖空间在 500~700 m^2 是比较合适的。最终在预评价体系中，借鉴多位牧民的养殖经验，以 500~700 m^2 作为生产空间面积（C_{11}）的评价指标值。

绿色建筑是以《内蒙古绿色建筑评价标准》（DBJ 03—61—2014）为参考依据，达到评价标准一星以上的建筑。现有的定居点建筑都是简单的砖瓦房，多数出现了破漏的情况，且并未利用任何可利用的清洁能源。定居点绿色建筑的规划设计不仅对其生态保护有积极的意义，同时使用高效环保的清洁能源对牧民节省经济开支也很有意义。在《关于印发〈国家级生态村创建标准（试行）〉通知》（环发〔2006〕192 号）中对生态村的绿色建筑比例（C_{12}）做了明确规定，本书以此为参考依据，将绿色建筑比例大于等于 75% 作为评价指标值。

内蒙古地区有丰富的清洁能源，包括太阳能、风能等。清洁能源的使用不仅能促进地区的经济发展，同时对环境保护有积极的作用。生态移民在对已经破坏的生态环境进行修复的同时，还应当保证新的移民地生态健康并可持续发展，避免造成新的环境破坏。预评价体系表以《关于印发〈国家级生态村创建标准（试行）〉通知》（环发〔2006〕192 号）中有关清洁能源普及率（C_{13}）大于等于 70% 为该项的评价指标值。

定居点便民超市主要为牧民提供一些简单便捷的生活服务，在现有的定居点规划建设中，并未专门设置商业服务点，多是牧户根据自己的生活需求将自家房屋扩建改建后形成定居点的便民超市，面积在 60~90 m²，对于牧户较少的定居点，一个便民超市基本能满足牧户需求，而对于牧户较多的定居点，则需要分开设置两个便民超市。所以该项以 60~180 m² 作为便民超市面积（C_{14}）的评价指标值。

源远流长的牧民文化主要指牧民特有文化的传承与发展。牧民由游牧到定居，经历了漫长的演变，在其生产和生活方式发生转变的同时，牧民文化也受到了一定的影响。而文化层面的东西是很难量化的，所以在很多评价体系中都对文化建设避而不谈或者简单几句草草带过。本书在文化准则层之下建立了生态环境与健康意识宣传率、体育活动室面积、双语幼儿园面积、公众参与度、文化活动室面积五个指标项。希望从牧民幼儿教育、草原生态文化、牧民习俗文化等方面使牧民文化得以延续和发展。

在对国内外的生态乡村建设的研究中发现，国外对生态乡村的建设更加重视对当地居民的生态知识宣传与教育，他们认为当地居民应当是美好生态环境的缔造者与维护者，是良好生态环境的直接受益人，也是生态被破坏以后的直接承担者，当地居民在生态乡村建设中扮演着很重要的角色。由此，本书将此项列入评价指标项中，以《关于印发〈国家生态文明建设试点示范区指标（试行）〉的通知》（环发〔2013〕58 号）中有关生态环境与健康意识宣传率（C_{15}）大于或等于 95% 为评价指标值。

正如前文所说，全民健身不仅关系到人民的身体健康，也关系到人民幸福生活的实现，内蒙古地区低温持续的时间较长，户外的硬质健身场地难以满足牧民全年的健身活动需求，一定面积的体育活动室能为牧民的健身活动提供更加有效的保障。预评价体系表考虑将体育活动室与老年活动室合并设置，以《内蒙古自治区新农村新牧区规划编制导则》中有关牧区中型嘎查与大型嘎查老年活动室的面积要求为参考，将 150~200 m² 作为体育活动室面积（C_{16}）的评价指标值。

牧民家庭儿童的教育问题是牧民移民后比较关心的问题，在移民后，牧民家庭儿童需要接触更多、更广泛的东西，这就需要学习更多的知识。部分定居点距离城镇较近，且城镇中设置有双语幼儿园（双语幼儿园是指蒙古语和汉语双语教学的幼儿园），能满足牧民儿童的受教育需求，但是还有很多定居点距离城镇较远，或城镇中无双语幼儿园，使得牧民不得不为了子女的学习离开定居点，到有双语幼儿园的地方租房并靠打工维持生活。双语幼儿园进行双语教学，不仅能帮助牧民家庭儿童学习更多的东西，接触更广的世界，同时蒙语作为中华文化中宝贵的一部分，值得每一代人学习和传承。预评价体系表将双语幼儿园面积（C_{17}）纳入评价指标中，并非要求为每个定居点配置相应面积的幼儿园，这样幼儿园如果难以保证生源，会造成教育资源的浪费。幼儿园的选址可以结合相近的定居点综合选址，由于环境限制实在难以设置幼儿园的，可以考虑使用幼儿园专用校车接送的方式，为牧民家庭儿童的教育提供最大限度的便捷服务。预评价体系表以《内蒙古自治区新农村新牧区规划编制导则》中幼儿园的面积要求为参考，设置 250~450 m² 为双语幼儿园面积（C_{10}）的评价指标值。

定居点的规划设计应当是多方人员参与的过程，以确保政府、设计师、牧民之间的相互协调沟通。以往的定居点规划设计缺少牧民的参与，设计出的定居点千篇一律且难以满足牧民真实的需求，导致牧民自搭自建的情况较为严重，破坏了定居点的整体风貌。为了促进牧民对定居点规划设计的积极参与，本书将公众参与度纳入预评价的指标项之中，以《关于印发〈国家级生态村创建标准（试行）〉通知》（环发〔2006〕192 号）中有关公众参与度（C_{18}）大于等于 90% 为评价指标值。

随着国家经济的快速发展，人民的生活不再局限于衣、食、住、行，日益丰富的人民文化活动为人民的生活增添了很多光彩。为牧民提供合理规模的文化活动室就显得很有必要，预评价体系表参考《内蒙古自治区新农村新牧区规划编制导则》中文化活动室的面积（C_{19}）要求，以 100~150 m² 作为该项的评价指标值。

健全合理的社会体系主要指生态移民社区的社会基础设施保障，主要包括卫生所面积、兽医站工作人员数量、通电覆盖率、通话覆盖率、公共厕所服务半径、通广播电视覆盖率六个指标项，是为了给牧民的基本生产和生活提供更加全面的保障。牧民在定居点的生存与发展需要更加全面与完善的社会基础设施，但是一些基础设施的配置受到定居点规模的限制，难以维持运营，如医院、养老院等。对于这类基础设施，在选址距离城镇中心较近的情况下应当考虑合理利用城镇中心的资源。

在定居点配置较大规模的医院，必然导致建设资源与医疗资源的浪费。应设置合理的卫生所，以满足牧民日常的就医需求，当牧民有更高层次的就医需求时，可以合理利用就近城镇或市区更好的医疗资源。在《内蒙古自治区国民经济和社会发展第十三个五年规划纲要》中明确提出了在 2016 年实现牧区嘎查文化室、卫生室、便民超市的全覆盖，预评价体系表参考《内蒙古自治区新农村新牧区规划编制导则》中有关牧区嘎查卫生所的面积规定，以 70~100 m² 为卫生所面积（C_{20}）的评价指标值。

牧民以牧业养殖为主，兽医站的配置成了牧区定居点建设所必需的，这也是牧区和农区的一个最大的区别。根据调研访谈得知，一般养殖的牲畜生病后牧户会联系兽医，兽医带上常用的医疗箱前去医治，牧民基本不会将生病的牲畜驱赶到兽医站进行医治，一方面是因为驱赶生病的牲畜难度较大，强行驱赶很可能会造成其他的伤害；另一方面是兽医在日常不出诊的时候都随意安排自己的时间，在兽医站值班的情况较少，一般是接到牧民的电话后再赶过去。兽医站基本就是药品存放和医生临时休息的地方，面积大小满足使用要求即可。这样一来，对其面积大小进行规定就显得意义不大，但是兽医站工作人员数量就相对比较重要，根据定居点牧民反应，若兽医站只配备一名兽医，常因为兽医放假或临时有事而联系不上，当兽医站配备 2 至 3 名兽医时，基本能满足牲畜就医的需求。本书借鉴众多牧民的经验，以 2 至 3 名作为兽医站工作人员人数（C_{21}）的评价指标值。

2014 年，内蒙古自治区农牧区工作会议提出了“十个全覆盖”工程，包括了牧区的通电全覆盖、通话全覆盖以及通广播电视全覆盖等。在《内蒙古自治区国民经济和社会发展第十三个五年规划纲要》中强调新牧区建设需要深入实施“十个全覆盖”工程，该工程项目旨在改变牧区嘎查破败脏乱的景象，促进牧区基础设施的完善，改善牧民的生产与生活环境。预评价体系表将通电全覆盖、通话全覆盖以及通广播电视全覆盖都纳入指标项中，希望能为定居点的建设提供更加完善的基础设施。对于通电覆盖率（C_{22}）指标项，本书按照“十个全覆盖”的精神，以 100% 为评价指标值。

通话覆盖率（C_{23}）指标项的来源与通电指标项的来源一样，也是来源于“十个全覆盖”工程，也以 100% 为评价指标值。

牧民从事的生产活动以户外活动为主，公共厕所的配置须能满足牧民在从事生产活动以及闲暇之时出门消遣时的生理需求。现有的公共厕所都是传统的旱厕，无论是在夏季还是冬季都会给牧民生活带来影响，所以预评价体系表指标项中所描述的公共厕所是指有防蝇防蚊设施，易清洁打扫的公共卫生厕所。其服务半径以《内蒙古自治区新农村新牧区规划编制导则》中有关公共厕所服务半径的数值为参考，以小于等于 300 m 作为公共厕所服务半径（C_{24}）的评价指标值。

通广播电视覆盖率（C_{25}）指标项的来源与通电指标项的来源一样，也是来源于“十个全覆盖”工程，也以 100% 为评价指标值。

根据最后确立的准则层、指标项以及指标值，课题组绘制出预评价体系表，如表 4.1 所示。

表 4.1　预评价体系表

目标层 A	准则层 B	指标项 *C*	编号	指标值	单位	属性
提高牧民福祉视角下内蒙古中部草原牧区移民定居点规划建设预评价体系研究（A）	环境（B_1）	选址距离城镇中心距离	C_1	≤ 8	km	逆指标
		人车专用道路硬化率	C_2	100%		正指标
		生活污水处理率	C_3	≥ 70%		正指标
		生活用水卫生合格率	C_4	≥ 95%		正指标
		硬质健身场地面积	C_5	500~700	m^2	正指标
		生活院落面积	C_6	160~190	m^2	正指标
		生活用房面积	C_7	60~90	m^2	正指标
		户用卫生厕所普及率	C_8	≥ 80%		正指标
		垃圾收集点服务半径	C_9	≤ 70	m	逆指标

续表

目标层 A	准则层 B	指标项 C	编号	指标值	单位	属性
提高牧民福祉视角下内蒙古中部草原牧区移民定居点规划建设预评价体系研究（A）	经济（B_2）	草料种植面积	C_{10}	30~45	亩	正指标
		生产空间面积	C_{11}	500~700	m^2	正指标
		绿色建筑比例	C_{12}	≥ 75%		正指标
		清洁能源普及率	C_{13}	≥ 70%		正指标
		便民超市面积	C_{14}	60~180	m^2	正指标
	文化（B_3）	生态环境与健康意识宣传率	C_{15}	≥ 95%		正指标
		体育活动室面积	C_{16}	150~200	m^2	正指标
		双语幼儿园面积	C_{17}	250~450	m^2	正指标
		公众参与度	C_{18}	≥ 90%		正指标
		文化活动室面积	C_{19}	100~150	m^2	正指标
	社会（B_4）	卫生所面积	C_{20}	70~100	m^2	正指标
		兽医站工作人员人数	C_{21}	2 至 3	人	正指标
		通电覆盖率	C_{22}	100%		正指标
		通话覆盖率	C_{23}	100%		正指标
		公共厕所服务半径	C_{24}	≤ 300	m	逆指标
		通广播电视覆盖率	C_{25}	100%		正指标

4.3.3 指标含义及计算方法

指标含义和计算方法如表 4.2 所示。

表 4.2 指标含义及计算方法

指标项	编号	指标含义	指标计算方法
选址距离城镇中心距离	C_1	建设选址距离所在城镇中心的道路距离	实地测量为准
人车专用道路硬化率	C_2	定居点生活区人车专用道路硬化处理比例	生活区硬化道路面积 ÷ 生活区总的道路面积
生活污水处理率	C_3	使用现有成品设备，对牧民生活污水进行处理。一般以十户为一个单位设置一个处理设备	生活污水经过处理的户数 ÷ 总户数
生活用水卫生合格率	C_4	牧户通过自来水或手压井形式所获得的生活用水，符合中国水利学会发布的《农村饮水安全评价准则》（T/CHES 18—2018）的户数比例	符合《农村饮水安全评价准则》（T/CHES 18—2018）的户数 ÷ 总户数 × 100%
硬质健身场地面积	C_5	配备有健身器械的硬化广场面积	以实际修建面积为准

续表

指标项	编号	指标含义	指标计算方法
生活院落面积	C_6	牧民生活区住房前(后)院落面积	以实际修建面积为准
生活用房面积	C_7	牧民居住建筑面积	以实际修建面积为准
户用卫生厕所普及率	C_8	牧户户用厕所满足《农村户厕卫生规范》(GB 19379—2012)的比例	户用厕所满足《农村户厕卫生规范》(GB 1919379—2012)的户数 ÷ 总户数 ×100%
垃圾收集点服务半径	C_9	牧户距离最近的垃圾收集点的距离	以实际安置距离为准
草料种植面积	C_{10}	政府划分给每个牧户的水浇地或者草地	以实际划分面积为准
生产空间面积	C_{11}	牧民进行牧业养殖的空间面积,包括牲畜棚圈和院落两部分	以实际修建面积为准
绿色建筑比例	C_{12}	居住区牧户居住建筑达到内蒙古自治区工程建设标准《绿色建筑评价标准》(DBJ 03—61—2014)一星评级标准及以上的户数比例	达到内蒙古自治区工程建设标准《绿色建筑评价标准》(DBJ 03—61—2014)一星评级标准及以上的户数 ÷ 总户数 ×100%
清洁能源普及率	C_{13}	使用清洁能源的户数占总户数的比例。清洁能源指消耗后不产生或很少产生污染物的能源,包括电能、太阳能、风能	使用清洁能源的户数 ÷ 总户数 ×100%
便民超市面积	C_{14}	为牧民提供便捷服务的小型超市的面积	以实际修建面积为准
生态环境与健康意识宣传率	C_{15}	牧民接受广播、宣传册、宣传栏等形式的有关生态环境与健康意识宣传的人数比例	接受过有关宣传教育的人数 ÷ 总人数 ×100%
体育活动室面积	C_{16}	为牧民提供室内休闲活动的建筑面积,主要包括乒乓球、台球、棋牌类等场地面积	以实际修建面积为准
双语幼儿园面积	C_{17}	为牧民儿童提供蒙古语以及汉语教学的双语幼儿园的面积	以实际修建面积为准
公众参与度	C_{18}	牧民观看定居点的规划设计,并提出相关意见的人数比例	观看或提出规划设计意见人数 ÷ 总人数 ×100%
文化活动室面积	C_{19}	为牧民提供阅读以及观看教育视频的建筑面积	以实际修建面积为准
卫生所面积	C_{20}	为牧民提供日常医药护理的建筑面积	以实际修建面积为准
兽医站工作人员数量	C_{21}	能在工作日正常为牧民提供服务且具有一定资质的兽医工作人员数量	以实际工作人数为准
通电覆盖率	C_{22}	牧户家里通长电的户数	通长电户数 ÷ 总户数 ×100%
通话覆盖率	C_{23}	牧户家里有手机通话信号覆盖的户数	通话信号覆盖户数 ÷ 总户数
公共厕所服务半径	C_{24}	定居点建成区内牧民的任意活动地点到最近公共卫生厕所的距离	以实际修建距离为准
通广播电视覆盖率	C_{25}	牧户家里有广播电视信号覆盖的户数	广播电视信号覆盖户数 ÷ 总户数 ×100%

4.4 小结

通过前期大量的调研，以国内外先进的评价体系为参考，以科学性、地域性、可操作性、公众参与性、前瞻性为构建原则，构建出科学合理的预评价体系表，预评价体系在构建过程中，其指标项、指标值都经过了严格的筛选和把关，一方面是对现有评价体系的参考；另一方面是对实地调研所收集的数据的分析整理，同时以我国先后发布的《关于印发〈国家级生态村创建标准（试行）〉通知》（环发〔2006〕192 号）、《美丽乡村建设指南》（GBT 32000—2015）、《关于印发〈国家生态文明建设试点示范区指标（试行）〉通知》（环发〔2013〕58 号）等一系列生态乡村建设文件和标准为指导。最后结合内蒙古自治区颁布的《内蒙古自治区国民经济和社会发展第十三个五年规划纲要》《内蒙古自治区党委、自治区政府关于推进社会主义新农村新牧区建设的实施意见》（内党发〔2006〕6 号）等文件中提出的实现牧区的生态环境、经济、社会效益的有机结合的相关内容，最后建立出适用于内蒙古中部草原牧区典型定居点规划建设的预评价体系表。

第5章　预评价体系表权重计算

计算权重采用层次分析发和熵值法相结合的评价方式，主观的评价方式与客观的评价方式并用，相互弥补不足，发扬各自的评价特点，使得权重的计算结果更加真实准确。

5.1　层次分析法计算权重

5.1.1　专家打分

若在描述两个项目间的重要性时是定性的描述，其结果难以向他人转述，特别是当有多个项目要进行相对重要性描述时，定性的描述会显得模糊不清，难以说明，所以需要专家学者以打分的方式将定性的描述转为定量的描述。

根据预评价体系表所呈现出的各指标项之间的层级关系，得出各层判断矩阵专家打分表如表 5.1~ 表 5.5 所示。

根据层次分析法的打分要求，以 1、3、5、7、9、1/3、1/5、1/7、1/9 九个数字为打分梯度，用竖向坐标相对于横向坐标的相对重要度来打分。如专家学者认为"环境 B_1"相对于"经济 B_2"的重要度为 3，则在表格中括号内填写 3，后面的打分以此类推（表中各个指标项相对于自身的重要度都为 1，且 B_1 相对于 B_2 的重要度与 B_2 相对于 B_1 的重要度应当是倒数关系，只需填写一个则可以推导出另外一个倒数关系的数值，所以为了简化专家打分的过程，表格中只需填写空白部分，标记"—"的部分不需要再填写）。

表 5.1　A—B 层判断矩阵专家打分表

A	B_1	B_2	B_3	B_4
环境 B_1	1	（ ）	（ ）	（ ）
经济 B_2	—	1	（ ）	（ ）
文化 B_3	—	—	1	（ ）
社会 B_4	—	—	—	1

表 5.2　B_1—C 层判断举证专家打分表

环境 B_1	C_1	C_2	C_3	C_4	C_5	C_6	C_7	C_8	C_9
选址距离城镇中心距离 C_1	1	（ ）	（ ）	（ ）	（ ）	（ ）	（ ）	（ ）	（ ）
人车专用道路硬化率 C_2	—	1	（ ）	（ ）	（ ）	（ ）	（ ）	（ ）	（ ）

续表

环境 B_1	C_1	C_2	C_3	C_4	C_5	C_6	C_7	C_8	C_9
生活污水处理率 C_3	—	—	1	( )	( )	( )	( )	( )	( )
生活用水卫生合格率 C_4	—	—	—	1	( )	( )	( )	( )	( )
硬质健身场地面积 C_5	—	—	—	—	1	( )	( )	( )	( )
生活院落面积 C_6	—	—	—	—	—	1	( )	( )	( )
生活住房面积 C_7	—	—	—	—	—	—	1	( )	( )
户用卫生厕所普及率 C_8	—	—	—	—	—	—	—	1	( )
垃圾收集点服务半径 C_9	—	—	—	—	—	—	—	—	1

表 5.3　B_2—C 层判断举证专家打分表

经济 B_2	C_{10}	C_{11}	C_{12}	C_{13}	C_{14}
草料种植面积 C_{10}	1	( )	( )	( )	( )
生产空间面积 C_{11}	—	1	( )	( )	( )
绿色建筑比例 C_{12}	—	—	1	( )	( )
清洁能源普及率 C_{13}	—	—	—	1	( )
便民超市面积 C_{14}	—	—	—	—	1

表 5.4　B_3—C 层判断举证专家打分表

文化 B_3	C_{15}	C_{16}	C_{17}	C_{18}	C_{19}
生态环境与健康意识宣传率 C_{15}	1	( )	( )	( )	( )
体育活动室面积 C_{16}	—	1	( )	( )	( )
双语幼儿园面积 C_{17}	—	—	1	( )	( )
公众参与度 C_{18}	—	—	—	1	( )
文化活动室面积 C_{19}	—	—	—	—	1

表 5.5　B_4—C 层判断举证专家打分表

社会 B_4	C_{20}	C_{21}	C_{22}	C_{23}	C_{24}	C_{25}
卫生所面积 C_{20}	1	( )	( )	( )	( )	( )
兽医站工作人员数量 C_{21}	—	1	( )	( )	( )	( )
通电覆盖率 C_{22}	—	—	1	( )	( )	( )
通话覆盖率 C_{23}	—	—	—	1	( )	( )
公共厕所服务半径 C_{24}	—	—	—	—	1	( )
通广播电视覆盖率 C_{25}	—	—	—	—	—	1

课题组将专家打分表以网络问卷的形式发放，由内蒙古科技大学、内蒙古工业大学以及包头市规划设计院等学府或机构的专家老师和学者进行打分，共收回有效问卷 18

份，其中从事教育、科研工作的人数占 44.44%，从事建筑工程相关行业的人数占 44.44%，其他行业如政府工作人员的人数占 11.12%，如表 5.6 所示。专家打分结果详见附录 D。

表 5.6　问卷职业统计表

选项	小计	比例
教育 / 培训 / 科研 / 院校	8	44.44%
房地产开发 / 建筑工程 / 装潢 / 设计	8	44.44%
其他行业（政府等）	2	11.12%
本题有效填写人次	18	—

共有 18 份有效问卷，将各个统计结果带入公式 $a_{ij}=(a_1+a_2+a_3+\cdots+a_m)/18$ 中计算出每个打分项的得分，最后将所得数值化简为相近的分数形式，作为一致性检验的依据值（表 5.1~ 表 5.5）。

5.1.2　判断矩阵的一致性检验

层次分析法是主观的评价方法，虽然打分的专家学者学识渊博，经验丰富，但是对于众多项的主观打分难免会出现主观上的误差。然而，一定程度内的误差是在利用层次分析法做评价时被允许的，所以为了判断和限制专家学者打分的误差，需要对判断矩阵进行一致性检验。一致性检验包括层次单排序的一致性检验和层次总排序的一致性检验。

（1）层次单排序的一致性检验

层次单排序是指相邻两个层级之间，下层层级相对于上层层级的重要性排序。需要求出判断矩阵的最大特征根，本书采用方根法求矩阵的最大特征根，因为方根法计算步骤简单，易于操作和理解。

检验具体计算步骤如下（以 A—B 层判断矩阵专家打分层次单排序一致性检验为例，其中 A 为目标层，B 为准则层，A—B 层判断矩阵专家打分结果如表 5.7 所示）：

表 5.7　A—B 层判断矩阵专家打分结果

A	环境 B_1	经济 B_2	文化 B_3	社会 B_4
环境 B_1	1	1	3	3
经济 B_2	1	1	3	3
文化 B_3	1/3	1/3	1	2
社会 B_4	1/3	1/3	1/2	1

①将判断矩阵中专家打分的结果按照行相乘，计算得出判断矩阵 **A** 的每一行元素乘积（保留小数点后三位）：

$$M_i = \prod_{j=1}^{n} a_{ij}, i = 1,2,3,\cdots,n. \tag{5.1}$$

表 5.8　判断矩阵每行元素相乘计算结果

A	环境 B_1	经济 B_2	文化 B_3	社会 B_4	每行相乘 M_i
环境 B_1	1	1	3	3	9.000
经济 B_2	1	1	3	3	9.000
文化 B_3	1/3	1/3	1	2	0.218
社会 B_4	1/3	1/3	1/2	1	0.054

②计算 M_i 的 n 次方根（判断矩阵为几阶则 n 值为几）：

$$\overline{W_t} = \sqrt[n]{W_i} \tag{5.2}$$

表 5.9　每行乘积开方根计算

A	环境 B_1	经济 B_2	文化 B_3	社会 B_4	每行相乘 M_i	开 4 次方 $\overline{W_i}$
环境 B_1	1	1	3	3	9.000	1.732
经济 B_2	1	1	3	3	9.000	1.732
文化 B_3	1/3	1/3	1	2	0.218	0.683
社会 B_4	1/3	1/3	1/2	1	0.054	0.483

③归一化处理得特征根（归一化处理是缩小数值，简化计算的数据处理方法）：

$$W_i = \frac{\overline{W_t}}{\sum_{j=1}^{n} \overline{W_j}} \tag{5.3}$$

表 5.10　数据归一化处理

A	环境 B_1	经济 B_2	文化 B_3	社会 B_4	开 4 次方 $\overline{W_i}$	归一化 W_i
环境 B_1	1	1	3	3	1.732	0.374
经济 B_2	1	1	3	3	1.732	0.374
文化 B_3	1/3	1/3	1	2	0.683	0.148
社会 B_4	1/3	1/3	1/2	1	0.483	0.104

④$(\boldsymbol{BW})_i$ 为计算最大特征根的一个过程值，计算方法为判断矩阵中每行元素与特征根的乘积：

$$(\boldsymbol{BW})i \approx \begin{pmatrix} M_{11} & M_{12} & \cdots & M_{1n} \\ M_{21} & M_{22} & \cdots & M_{2n} \\ \vdots & \vdots & & \vdots \\ M_{n1} & M_{n2} & \cdots & M_{nn} \end{pmatrix} \times \begin{pmatrix} W_1 \\ W_2 \\ \vdots \\ W_n \end{pmatrix} = \begin{pmatrix} M_{11}\times W_1+M_{12}\times W_1+\cdots+M_{1n}\times W_1 \\ M_{21}\times W_2+M_{22}\times W_2+\cdots+M_{2n}\times W_2 \\ \vdots \\ M_{n1}\times M_n+M_{n2}\times M_n+\cdots+M_{nn}\times M_n \end{pmatrix} \tag{5.4}$$

表 5.11　$(\boldsymbol{BW})_i$ 过程值计算

A	环境 B_1	经济 B_2	文化 B_3	社会 B_4	归一化 W_i	$(\boldsymbol{BW})_i$
环境 B_1	1	1	3	3	0.374	0.374
经济 B_2	1	1	3	3	0.374	0.374
文化 B_3	1/3	1/3	1	2	0.148	0.148
社会 B_4	1/3	1/3	1/2	1	0.104	0.104

⑤计算最大特征根：

$$\lambda_{\max} \approx \sum_{i=1}^{n} \frac{(\boldsymbol{BW})_i}{W_i} \tag{5.5}$$

表 5.12　最大特征根计算

A	环境 B_1	经济 B_2	文化 B_3	社会 B_4	归一化	$(\boldsymbol{BW})_i$	$\lambda_{\max}$
环境 B_1	1	1	3	3	0.374	0.374	4.012
经济 B_2	1	1	3	3	0.374	0.374	4.012
文化 B_3	1/3	1/3	1	2	0.148	0.148	4.088
社会 B_4	1/3	1/3	1/2	1	0.104	0.104	4.074

⑥在求出最大特征根后，带入公式中分别求出各个矩阵的完全一致性指标 CI_j 以及随机一致性比率 CR_j。

$$CI_j = \frac{\lambda_{\max} - n}{n-1} \tag{5.6}$$

$$CR_j = \frac{CI}{RI_j} \tag{5.7}$$

式中：n 为矩阵阶数；RI_j 为平均随机一致性指标表，可根据查表直接获得，矩阵阶数不同，其数值不同，1 阶 ~12 阶平均随机一致性指标数值如表 5.13 所示：

表 5.13　1 阶 ~12 阶平均随机一致性指标值

阶数	1	2	3	4	5	6	7	8	9	10	11	12
RI_j 值	0	0	1/22	0.89	1.12	1.26	1.36	1.41	1.46	1.49	1.52	1.54

计算结果如表 5.14 所示,随机一致性比率 CR=0.019 < 0.1,则 A—B 层一致性检验合格。

表 5.14 A—B 层判断矩阵专家打分结果及层次单排序一致性检验结果

A	B_1	B_2	B_3	B_4
环境 B_1	1	1	3	3
经济 B_2	1	1	3	3
文化 B_3	1/3	1/3	1	2
社会 B_4	1/3	1/3	1/2	1

注:RI=0.890 CI=0.017 CR=0.019 < 0.1

其他层级的一致性检验过程也是如此,本书在此不再一一赘述,其计算结果如表 5.15 所示(B 层为准则层,C 层为指标项):

表 5.15 B_1—C 层判断举证专家打分及层次单排序一致性检验结果

环境 B_1	C_1	C_2	C_3	C_4	C_5	C_6	C_7	C_8	C_9
选址距离城镇中心距离 C_1	1	1/3	1/3	1/9	1/2	1/3	1/5	1/3	1
人车专用道路硬化率 C_2	3	1	1	1	3	1/3	1/2	1	2
生活污水处理率 C_3	3	1	1	1/2	3	1/2	1/5	1	2
生活用水卫生合格率 C_4	5	2	4	1	3	2	1	2	4
硬质健身场地 C_5	2	1/3	1/3	1/3	1	1/3	1/2	1/2	2
生活院落面积 C_6	3	3	2	1/2	3	1	1/2	3	3
生活用房面积 C_7	5	2	4	1	3	2	1	2	5
户用卫生厕所普及率 C_8	3	1	1	1/2	2	1/3	1/2	1	2
垃圾收集点服务半径 C_9	1	1/2	1/2	1/4	1/2	1/3	1/5	1/2	1

注:RI=1.460 CI=0.068 CR=0.046 < 0.1

表 5.16 B_2—C 层判断举证专家打分及层次单排序一致性检验结果

经济 B_2	C_{10}	C_{11}	C_{12}	C_{13}	C_{14}
草料种植面积 C_{10}	1	1/2	3	4	2
生产空间面积 C_{11}	2	1	4	5	3
绿色建筑比例 C_{12}	1/3	1/4	1	2	1/3
清洁能源普及率 C_{13}	1/4	1/5	1/2	1	1/2
便民超市面积 C_{14}	1/2	1/3	2	3	1

注:RI=1.120 CI=0.069 CR=0.062 < 0.1

表 5.17　B_3—C 层判断举证专家打分及层次单排序一致性检验结果

文化 B_3	C_{15}	C_{16}	C_{17}	C_{18}	C_{19}
生态环境与健康意识宣传率 C_{15}	1	2	1/2	1/3	2
体育活动室面积 C_{16}	1/2	1	1/3	1/4	1
双语幼儿园面积 C_{17}	2	3	1	1/3	3
公众参与度 C_{18}	3	4	3	1	4
文化活动室面积 C_{19}	1/2	1	1/3	1/4	1

注:RI=1.120　CI=0.023　CR=0.021 ＜ 0.1

表 5.18　B_4—C 层判断举证专家打分及层次单排序一致性检验结果

社会 B_4	C_{20}	C_{21}	C_{22}	C_{23}	C_{24}	C_{25}
卫生所面积 C_{20}	1	3	2	2	3	2
兽医站工作人员数量 C_{21}	1/3	1	1/2	1/2	2	1/2
通电覆盖率 C_{22}	1/2	2	1	1	3	1
通话覆盖率 C_{23}	1/2	2	1	1	3	1
公共厕所服务半径 C_{24}	1/3	1/2	1/3	1/3	1	1/3
通广播电视覆盖率 C_{25}	1/2	2	1	1	3	1

注:RI=1.260　CI=0.014　CR=0.011 ＜ 0.1

（2）层次总排序的一致性检验

层次总排序的一致性检验同样也是为了保证专家打分结果的相对合理性，其计算是在层次单排序一致性检验的基础上进行的，其检验标准与层次单排序一样，具体计算步骤及公式如下：

$$CI=\sum_{i=1}^{n}A_nCI_j \qquad (5.8)$$

式中：CI 为总排序的完全一致性指标；CI_j 代表 B—C 层单排序一致性检验中的完全一致性指标。

$$CI=0.068\times0.374+0.069\times0.374+0.023\times0.147+0.0136\times0.104=0.056$$

$$RI=\sum_{i=1}^{n}A_nRI_j \qquad (5.9)$$

式中：RI 为总排序的随机一致性指标；RI_j 代表指标层相对准则层单排序一致性检验中的随机一致性指标。

$$RI=1.46\times0.374+1.12\times0.374+1.12\times0.148+1.26\times0.104=1.262$$

$$CR=\frac{CI}{RI} \qquad (5.10)$$

式中：CR 为表总排序的随机一致性比率，其判断合格的标准和单排序一致性检验的标准一样。

$$CR=\frac{0.056}{1.262}=0.044<0.1 \tag{5.11}$$

验算合格。

5.1.3 计算权重

在前文中的层次单排序一致性检验计算是依据各级元素的相对权重来进行的，也可以理解为一致性检验其实元素权重合理性的检验。在前面的计算中，在对矩阵各行元素进行相乘，对乘积再开 n 次方，最后进行归一化处理得到的数值即权重值，如表 5.19~ 表 5.23 所示。

表 5.19　B—A 层权重计算

A	B_1	B_2	B_3	B_4	乘积	开 4 次方	归一化 Ai
环境 B_1	1	1	3	3	9	1.732	0.374
经济 B_2	1	1	3	3	9	1.732	0.374
文化 B_3	1/3	1/3	1	2	0.218	0.683	0.148
社会 B_4	1/3	1/3	1/2	1	0.054	0.483	0.104

表 5.20　B_1—C 层权重计算

环境 B1	C_1	C_2	C_3	C_4	C_5	C_6	C_7	C_8	C_9	相乘	开 9 次方	归一化 W
选址距离城镇中心距离 C_1	1	1/3	1/3	1/9	1/2	1/3	1/5	1/3	1	0.001	0.372	0.034
人车专用道路硬化率 C_2	3	1	1	1	3	1/3	1/2	1	2	3.000	1.130	0.103
生活污水处理率 C_3	3	1	1	1/2	3	1/2	1/5	1	2	0.900	0.988	0.090
生活用水卫生合格率 C_4	5	2	4	1	3	2	1	2	4	1920.000	2.316	0.211
硬质健身场地面积 C_5	2	1/3	1/3	1/3	1	1/3	1/2	1/2	2	0.012	0.614	0.056
生活院落面积 C_6	3	3	2	1/2	3	1	1/2	3	3	121.500	1.705	0.155
生活用房面积 C_7	5	2	4	1	3	2	1	2	5	2400.000	2.375	0.217
户用卫生厕所普及率 C_8	3	1	1	1/2	2	1/3	1/2	1	2	1.000	1.000	0.091
垃圾收集点服务半径 C_9	1	1/2	1/2	1/4	1/2	1/3	1/5	1/2	1	0.001	0.466	0.043

表 5.21　B_2—C 层权重计算

经济 B_2	C_{10}	C_{11}	C_{12}	C_{13}	C_{14}	相乘	开 5 次方	归一化 W
草料种植面积 C_{10}	1	1/2	3	4	2	12.000	1.644	0.418
生产空间面积 C_{11}	2	1	4	5	3	120.000	2.605	0.418
绿色建筑比例 C_{12}	1/3	1/4	1	2	1/3	0.056	0.561	0.090
清洁能源普及率 C_{13}	1/4	1/5	1/2	1	1/2	0.013	0.416	0.067
便民超市面积 C_{14}	1/2	1/3	2	3	1	1.000	5.542	0.161

表 5.22　B3—C 层权重计算

文化 B_3	C_{15}	C_{16}	C_{17}	C_{18}	C_{19}	相乘	开 5 次方	归一化 W
生态环境与健康意识宣传率 C_{15}	1	2	1/2	1/3	2	0.667	0.922	0.151
体育活动室面积 C_{16}	1/2	1	1/3	1/4	1	0.042	0.530	0.087
双语幼儿园面积 C_{17}	2	3	1	1/3	3	6.000	1.000	0.234
公众参与度 C_{18}	3	4	3	1	4	144.000	2.702	0.442
文化活动室面积 C_{19}	1/2	1	1/3	1/4	1	0.042	0.530	0.087

表 5.23　B4—C 层权重计算

社会 B_4	C_{20}	C_{21}	C_{22}	C_{23}	C_{24}	C_{25}	相乘	开 6 次方	归一化 W
卫生所面积 C_{20}	1	3	2	2	3	2	72.000	2.040	0.303
兽医站工作人员数量 C_{21}	1/3	1	1/2	1/2	2	1/2	0.083	0.661	0.098
通电覆盖率 C_{22}	1/2	2	1	1	3	1	3.000	1.201	0.178
通话覆盖率 C_{23}	1/2	2	1	1	3	1	3.000	1.201	0.178
公共厕所服务半径 C_{24}	1/3	1/2	1/3	1/3	1	1/3	0.006	0.428	0.064
通广播电视覆盖率 C_{25}	1/2	2	1	1	3	1	3.000	1.201	0.178

层次总排序即指标项对目标项的权重计算，是将指标项的各个元素对目标层进行相对重要性的排序，层次总排序需建立在层次单排序的基础上进行，充分利用层次单排序的计算结果来完成总排序的检验计算，其计算方法如表 5.24 所示。

表 5.24　层次总排序的计算表

	$A_1,A_2,A_3,\cdots,A_n$	C 层相对 A 层排序
C_1	$B_1^1,B_1^2,B_1^3,\cdots,B_1^n$	$\sum_{n=1}^{n} A_n B_1^n$
C_2	$B_2^1,B_2^2,B_2^3,\cdots,B_2^n$	$\sum_{n=1}^{n} A_n B_2^n$
⋮	⋮	⋮
C_m	$B_m^1,B_m^2,B_m^2,\cdots,B_m^n$	$\sum_{n=1}^{n} A_n B_m^n$

表中 A_n 代表 A—B 层归一化处理的结果，B_m^n 代表 B—C 层归一化处理的结果，C_n 表示指标层 C 层对目标项 A 层的排序。将前文中计算得出的相关数值带入上表的公式中，计算得出层次总排序数值，如表 5.25 所示。

表 5.25　层次总排序结果

A_i值	0.374	0.374	0.148	0.104	$\sum_{n=1}^{n} A_n B_m^n$
选址距离城镇中心距离 C_1	0.034	0	0	0	0.013
人车专用道路硬化率 C_2	0.103	0	0	0	0.039
生活污水处理率 C_3	0.090	0	0	0	0.034
生活用水卫生合格率 C_4	0.211	0	0	0	0.079
硬质健身场地面积 C_5	0.056	0	0	0	0.021
生活院落面积 C_6	0.155	0	0	0	0.058
生活用房面积 C_7	0.217	0	0	0	0.081
户用卫生厕所普及率 C_8	0.091	0	0	0	0.034
垃圾收集点服务半径 C_9	0.043	0	0	0	0.016
草料种植面积 C_{10}	0	0.418	0	0	0.157
生产空间面积 C_{11}	0	0.418	0	0	0.157
绿色建筑比例 C_{12}	0	0.090	0	0	0.034
清洁能源普及率 C_{13}	0	0.067	0	0	0.025
便民超市面积 C_{14}	0	0.161	0	0	0.060
生态环境与健康意识宣传率 C_{15}	0	0	0.151	0	0.022
体育活动室面积 C_{16}	0	0	0.087	0	0.013
双语幼儿园面积 C_{17}	0	0	0.234	0	0.035
公众参与度 C_{18}	0	0	0.442	0	0.065
文化活动室面积 C_{19}	0	0	0.087	0	0.013
卫生所面积 C_{20}	0	0	0	0.303	0.032
兽医站工作人员数量 C_{21}	0	0	0	0.098	0.010
通电覆盖率 C_{22}	0	0	0	0.178	0.019
通话覆盖率 C_{23}	0	0	0	0.178	0.019
公共厕所服务半径 C_{24}	0	0	0	0.064	0.007
通广播电视覆盖率 C_{25}	0	0	0	0.178	0.019

注：总排序 RI=1.262　总排序 CI=0.056　总排序 CR=0.044<0.1

5.2 熵值法计算权重

在信息论中,熵是对事件不确定性的一种度量,当收集的信息量越大时,就表示事件的不确定性就越小,熵值就越小;收集的信息量越小时,事件的不确定性就越大,熵值就越大。根据熵的特性,我们可以通过计算熵值来判断一个事件的随机性与无序性程度,也可以根据熵值来判断某个指标项的信息离散程度,指标项的信息离散程度越大,表明该指标项对整体评价的影响越大。所以,可以根据指标项的信息离散程度计算出各个指标的权重。熵值法计算的依据是实地调研的数据,属于客观性的计算权重。

5.2.1 实地调研数据整理

达茂旗东阿玛乌苏距离城镇中心较近,现有房屋 87 套,已入住 78 户,地处城乡接合处,园区环境优美、风景宜人,发展民族餐饮业具有得天独厚的地理优势。园区现有牧家乐 11 户,其中有 2 户牧家乐可以同时接待 100 人以上。

镶黄旗温都日呼嘎查建设规模是大概有 100 户牧民,又称百户移民村。移民村整体布局为生产区与生活区相分离式,以南北向道路为界,西面为居住区,东面为生产区,生活区环境建设较为良好。在定居点附近有学校及医院,都是在定居点建立以后规划建设的,由于定居点生产区的空气污染,政府打算拆除现有棚舍,将牲畜搬迁到其他地方圈养。

锡林浩特市欣康村属于原著居民和移民混居的移民村,建设规模较大,有 200 多户小户(建设面积为 900 m^2)以及 100 多户大户(建设面积为 3 600 m^2),虽然每户的建设规模都比较大,但是由于移民村选址临近发电厂,使得人与牲畜的生活受到了很大的影响,现在几乎没人从事养殖业。

正蓝旗巴彦乌拉距离城镇中心较远,大概 20 km,交通不便利,定居点缺乏基本的商业服务设施,牧民一般以电动车为主要交通工具,每次购物会购买足够多的东西以满足一段时间的生活需求,或者等待贩卖的流动车来售卖,从而购买一些新鲜的瓜果蔬菜。定居点整体布局为生产区与生活区完全分离式,在众多调研点中,其人居环境建设是最为良好的,牧民在生活区进行绿化种植,并在自家庭院发展了一定程度的庭院经济,是一种值得借鉴和学习的建设模式。

以上四个定居点分别在达茂旗、镶黄旗、锡林浩特市、正蓝旗,所涵盖的范围较为广泛,建设相对较为完善,且它们都有各自的特征和突出的问题,是比较具有代表性的移民定居点。(见表 5.26)

表 5.26 部分调研点情况概述

定居点名称	所属旗县（市）	建设规模	距离城镇中心距离	现状特征
东阿玛乌苏	达茂旗	87 户	3.5 km	园区环境优美、风景宜人，发展民族餐饮业具有得天独厚的地理优势。园区现有牧家乐 11 户，其中有 2 户牧家乐可以同时接待 100 人以上
温都日呼嘎查	镶黄旗	100 户	2 km	生活区环境建设较为良好。在定居点附近有学校及医院，都是在定居点建立以后规划建设的，由于定居点生产区的空气污染，政府打算拆除现有棚舍，将牲畜搬迁到其他地方圈养
欣康村	锡林浩特市	300 多户	7 km	虽然每户的建设规模都比较大，但是由于移民村选址临近发电厂，使得人与牲畜的生活受到了很大的影响，现在几乎没人从事养殖业
巴彦乌拉	正蓝旗	80 户	20 km	定居点缺乏基本的商业服务设施，但是其人居环境建设最为良好，牧民在生活区进行了绿化种植，并在自家庭院发展了一定规模的庭院经济，是一种值得借鉴和学习的建设模式

熵值法以这四个定居点的调研数据作为计算权重的依据，一方面是避免冗杂的计算过程，减少重复计算；另外一方面是确保计算数据更加具有代表性，见表 5.27。

表 5.27 调研点相关数据统计

准则层	指标项	编号	单位	达茂旗东阿玛乌苏	镶黄旗温都日呼嘎查	锡林浩特市欣康村	正蓝旗巴彦乌拉
环境 B_1	选址距离城镇中心距离	C_1	km	3.5	2	7	20
	人车专用道路硬化率	C_2		100%	100%	0	100%
	生活污水处理率	C_3		0	0	0	0
	生活用水卫生合格率	C_4		100%	100%	100%	100%
	硬质健身场地面积	C_5	m²	0	1 600	0	0
	生活院落面积	C_6	m²	210	145	200	140
	生活用房面积	C_7	m²	90	40	50	40
	户用卫生厕所普及率	C_8		0	0	0	0
	垃圾收集点服务半径	C_9	m	90	80	450	60
经济 B_2	草料种植面积	C_{10}	亩	20	0	0	0
	生产空间面积	C_{11}	m²	600	140	650	150
	绿色建筑比例	C_{12}		0	0	0	0
	清洁能源普及率	C_{13}		10%	0	0	0
	便民超市面积	C_{14}	m²	60	40	200	0
文化 B_3	生态环境与健康意识宣传率	C_{15}		0	0	0	100%
	体育活动室面积	C_{16}	m²	0	0	0	0
	双语幼儿园面积	C_{17}	m²	0	0	0	0
	公众参与度	C_{18}		0	0	0	0
	文化活动室面积	C_{19}	m²	40	0	0	0

续表

准则层	指标项	编号	单位	达茂旗东阿玛乌苏	镶黄旗温都日呼嘎查	锡林浩特市欣康村	正蓝旗巴彦乌拉
社会 B_4	卫生所面积	C_{20}	㎡	60	0	80	0
	兽医站工作人员数量	C_{21}	人	0	2	0	0
	通电覆盖率	C_{22}		100%	100%	100%	100%
	通话覆盖率	C_{23}		100%	100%	100%	100%
	公共厕所服务半径	C_{24}	m	200	120	500	180
	通广播电视覆盖率	C_{25}		100%	100%	100%	100%

5.2.2　计算权重

评价体系是由多个指标所构成的，各个指标具有各自的属性与意义，所以通常会出现各种不同量纲的数据汇聚在一起的现象。这些数据由于量纲不同，不能直接放在一起进行相关的计算和比较。因此，需要对数据进行一个标准化的处理。文书采用极差法进行数据标准化处理，其具体计算分为两类：一类是对正指标（数值越大越好的指标）的标准化处理；另一类是对逆指标（数值越小越好的指标）的标准化处理，其计算公式分别如下。

正指标：

$$X_{ij}^{*}=\frac{x_{ij}-x_{ij}^{\min}}{x_{ij}^{\max}-x_{ij}^{\min}} \tag{5.12}$$

逆指标：

$$X_{ij}^{*}=\frac{x_{ij}-x_{ij}^{\max}}{x_{ij}^{\min}-x_{ij}^{\max}} \tag{5.13}$$

式中：X_{ij}^{*} 为标准化处理后的指标值；x_{ij} 为第 i 个评价对象的第 j 个指标项的数值；$x_{ij}^{\min}$ 为第 i 个评价对象的所有评价指标值中最小的数值；$x_{ij}^{\max}$ 代表第 i 个评价对象的所有评价指标值中最大的数值。

以预评价体系第一项“选址距离城镇中心距离”为例，由预评价体系表可知，该项为逆向指标，则选用公式 5.13，将表 5.22 中的调研数据带入公式：

$$X_{11}^{*}=\frac{3.5-20}{2-20}=0.917$$

通过极值法标准化处理数据后，将不同量纲的数据无量纲化使得它们的值统一的映射到了 [0，1] 这个区间，实现了不同量纲数据间的统一比较与计算。在利用级差法进行标准化处理后的数据会出现有的数值为 0 的情况，在进行熵值计算的后期在对数值进行取对数的计算时，就会出现对 0 取对数这样无意义的计算，所以要对标准化处理后的 0 进行改进，可以考虑用一个接近于 0 的数来取代数据中的 0。这样既避免了对 0 取对数这样无意义的计算，又不会对最后的计算结果造成太大的计算误差。

其他数据利用公式 5.12、公式 5.13 进行无量纲化处理得出无量纲化后的结果如下表 5.28 所示。

表 5.28 调研点相关数据无量纲化处理

准则层	指标项	编号	评价标准	单位	达茂旗东阿玛乌苏	镶黄旗温都日呼嘎查	锡林浩特市欣康村	正蓝旗巴彦乌拉
环境 B_1	选址距离城镇中心距离	C_1	≤ 8	km	0.917	1	0.722	0.001
	人车专用道路硬化率	C_2	100%		1	1	0.001	1
	生活污水处理率	C_3	≥ 70%		0.001	0.001	0.001	0.001
	生活用水卫生合格率	C_4	≥ 95%		0.001	0.001	0.001	0.001
	硬质健身场地面积	C_5	500~700	㎡	0.001	1	0.001	0.001
	生活院落面积	C_6	160~190	㎡	1	0.071	0.857	0.001
	生活用房面积	C_7	60~90	㎡	1	0.001	0.2	0.001
	户用卫生厕所普及率	C_8	≥ 80%		0.001	0.001	0.001	0.001
	垃圾收集点服务半径	C_9	≤ 70	m	0.923	0.949	0.001	1
经济 B_2	草料种植面积	C_{10}	30~45	亩	1	0.001	0.001	0.001
	生产空间面积	C_{11}	500~700	㎡	0.902	0.001	1	0.02
	绿色建筑比例	C_{12}	≥ 75%		0.001	0.001	0.001	0.001
	清洁能源普及率	C_{13}	≥ 70%		1	0.001	0.001	0.001
	便民超市面积	C_{14}	60~180	㎡	0.3	0.2	1	0.001
文化 B_3	生态环境与健康意识宣传率	C_{15}	≥ 95%		0.001	0.001	0.001	1
	体育活动室面积	C_{16}	150~200	㎡	0.001	0.001	0.001	0.001
	双语幼儿园面积	C_{17}	250~450	㎡	0.001	0.001	0.001	0.001
	公众参与度	C_{18}	≥ 90%		0.001	0.001	0.001	0.001
	文化活动室面积	C_{19}	100~150	㎡	1	0.001	0.001	0.001
社会 B_4	卫生所面积	C_{20}	70~100	㎡	0.75	0.001	1	0.001
	兽医站工作人员数量	C_{21}	2 至 3	人	0.001	1	0.001	0.001
	通电覆盖率	C_{22}	100%		0.001	0.001	0.001	0.001
	通话覆盖率	C_{23}	100%		0.001	0.001	0.001	0.001
	公共厕所服务半径	C_{24}	≤ 300	m	0.79	1	0.001	0.842
	通广播电视覆盖率	C_{25}	100%		0.001	0.001	0.001	0.001

在对原始数据进行无量纲化处理之后，为了计算出各个指标的熵值，需要对各指标进行一个相同度量化处理，即对数据进行归一化处理。归一化处理后可以得到各个评价

对象在各个评价指标中的相对重要度。其计算公式如下：

$$P_{ij} = \frac{X_{ij}}{\sum_{i=1}^{m} X_{ij}} \quad (5.14)$$

将表 5.20~ 表 5.23 中的计算结果带入公式 5.14 中，计算出归一化处理数值如表 5.29 所示。

表 5.29　无量纲数据归一化结果

准则层	指标项	编号	单位	达茂旗东乌苏	镶黄旗温都日呼	锡林浩特市欣康村	正蓝旗巴彦乌拉
环境 B_1	选址距离城镇中心距离	C_1	km	0.347 236 837	0.378 803 822	0.273 580 538	0.000 378 804
	人车专用道路硬化率	C_2		1/33 222 259	1/33 222 259	0.000 333 222	1/33 222 259
	生活污水处理率	C_3		0.25	0.25	0.25	0.25
	生活用水卫生合格率	C_4		0.25	0.25	0.25	0.25
	硬质健身场地面积	C_5	㎡	0.000 997 009	0.997 008 973	0.000 997 009	0.000 997 009
	生活院落面积	C_6	㎡	1/218 249 796	0.037 017 843	0.444 214 111	0.000 518 25
	生活用房面积	C_7	㎡	0.831 946 755	0.000 831 947	0.166 389 351	0.000 831 947
	户用卫生厕所普及率	C_8		0.25	0.25	0.25	0.25
	垃圾收集点服务半径	C_9	m	0.321 316 684	1\302 421 48	0.000 348 093	0.348 093 075
经济 B_2	草料种植面积	C_{10}	亩	0.997 008 973	0.000 997 009	0.000 997 009	0.000 997 009
	生产空间面积	C_{11}	㎡	0.469 143 609	0.000 520 137	1\220 137 479	0.010 198 774
	绿色建筑比例	C_{12}		0.25	0.25	0.25	0.25
	清洁能源普及率	C_{13}		0.997 008 973	0.000 997 009	0.000 997 009	0.000 997 009
	便民超市面积	C_{14}	㎡	0.199 866 755	0.133 244 504	0.666 222 518	0.000 666 223
文化 B_3	生态环境与健康意识宣传率	C_{15}		0.000 997 009	0.000 997 009	0.000 997 009	0.997 008 973
	体育活动室面积	C_{16}	㎡	0.25	0.25	0.25	0.25
	双语幼儿园面积	C_{17}	㎡	0.25	0.25	0.25	0.25
	公众参与度	C_{18}		0.25	0.25	0.25	0.25
	文化活动室面积	C_{19}	㎡	0.25	0.25	0.25	0.25
社会 B_4	卫生所面积	C_{20}	㎡	0.428 571 428	5.71429E-10	1/271 428 571	5.71429E-10
	兽医站工作人员数量	C_{21}	人	0.000 997 009	0.997 008 973	0.000 997 009	0.000 997 009
	通电覆盖率	C_{22}		0.25	0.25	0.25	0.25
	通话覆盖率	C_{23}		0.25	0.25	0.25	0.25
	公共厕所服务半径	C_{24}	m	0.299 886 043	0.379 855 655	0.000 379 856	0.319 878 446
	通广播电视覆盖率	C_{25}		0.25	0.25	0.25	0.25

在经过归一化处理之后，需要进行熵值计算，熵值计算要求出矩阵的信息熵值和信

息效用值。信息熵越小，表示信息的无序性越低，该信息的效用值就越大，则指标的权重就越大。所以最直接表达指标权重的值是信息效用值，其数值大小等于信息熵值与 1 的差值，其计算公式如下：

$$E_j = -K\sum_{i=1}^{m} P_{ij} \ln P_{ij} \qquad (5.15)$$

式中：E_j 为第 j 项指标的信息熵值；P_{ij} 为指标数据在进行归一化处理后得到的数值；K 为相对该评价体系的一个常数值，其取值为 $K=1/\ln z$，其中 z 代表所研究对象的个数。理论上来说，当各个研究对象在某一项的指标值完全相等时，其信息熵值达到最大为 1，此时信息效用值就达到最小值 0。

由于某项指标的信息效用值大小取决于信息熵值 E_j 与 1 之间的差，差值越大，表示指标的信息效用值越大，则该项指标的重要性就越高，权重就越大。反之当差值越小时，表示指标的信息效用值越小，则该项指标的重要性就越低，权重就越小。其计算公式如下：

$$G_j=1-E_j \qquad (5.16)$$

式中：G_j 表示第 j 项指标的信息效用值。

将表中数据带入公式 5.15、公式 5.16 计算得出相应的信息熵和信息效用熵值，如表 5.30 所示。

表 5.30　数据信息熵与信息效用熵计算结果

准则层	指标项	编号	评价标准	单位	信息熵	信息效用熵值
环境 B_1	选址距离城镇中心距离	C_1	≤ 8	km	0.788	0.212
	人车专用道路硬化率	C_2	100%		0.794	0.206
	生活污水处理率	C_3	≥ 70%		1	0
	生活用水卫生合格率	C_4	≥ 95%		1	0
	硬质健身场地	C_5	500~700	㎡	0.017	0.983
	生活院落面积	C_6	160~190	㎡	1/297	0.403
	生活用房面积	C_7	60~90	㎡	1/34	0.666
	户用卫生厕所普及率	C_8	≥ 80%		1	0
	垃圾收集点服务半径	C_9	≤ 70	m	0.794	0.206
经济 B_2	草料种植面积	C_{10}	30~45	亩	0.017	0.983
	生产空间面积	C_{11}	500~700	㎡	1/238	0.462
	绿色建筑比例	C_{12}	≥ 75%		1	0
	清洁能源普及率	C_{13}	≥ 70%		0.017	0.983
	便民超市面积	C_{14}	60~180	㎡	0.625	0.375

续表

准则层	指标项	编号	评价标准	单位	信息熵	信息效用熵值
文化 B_3	生态环境与健康意识宣传率	C_{15}	≥ 95%		0.017	0.983
	体育活动室面积	C_{16}	150~200	㎡	1	0
	双语幼儿园面积	C_{17}	250~450	㎡	1	0
	公众参与度	C_{18}	≥ 90%		1	0
	文化活动室面积	C_{19}	100~150	㎡	1	0
社会 B_4	卫生所面积	C_{20}	70~100	㎡	0.499	1/201
	兽医站工作人员数量	C_{21}	2 至 3	人	0.017	0.983
	通电覆盖率	C_{22}	100%		1	0
	通话覆盖率	C_{23}	100%		1	0
	公共厕所服务半径	C_{24}	≤ 300	m	0.791	0.209
	通广播电视覆盖率	C_{25}	100%		1	0

在得到各个指标的信息效用值之后，需要对各个值进行归一化处理，使得各个权重值在区间 [0，1] 之间，同时所有的权重之和为 1，这样才方便后期的使用。归一化公式如下：

$$W_j = \frac{G_j}{\sum_{i=1}^{n} G_j} \tag{5.17}$$

将上表中的信息效用熵值代入公式 5.17 中，得到熵值法权重的计算结果如表 5.31 所示。

表 5.31　熵值法计算权重结果

准则层	指标项	编号	权重
环境 B_1	选址距离城镇中心距离	C_1	0.026
	人车专用道路硬化率	C_2	0.025
	生活污水处理率	C_3	0
	生活用水卫生合格率	C_4	0
	硬质健身场地面积	C_5	0.121
	生活院落面积	C_6	0.05
	生活用房面积	C_7	0.082
	户用卫生厕所普及率	C_8	0
	垃圾收集点服务半径	C_9	0.025

续表

准则层	指标项	编号	权重
经济 B_2	草料种植面积	C_{10}	0.120
	生产空间面积	C_{11}	0.057
	绿色建筑比例	C_{12}	0
	清洁能源普及率	C_{13}	0.120
	便民超市面积	C_{14}	0.046
文化 B_3	生态环境与健康意识宣传率	C_{15}	0.120
	体育活动室面积	C_{16}	0
	双语幼儿园面积	C_{17}	0
	公众参与度	C_{18}	0
	文化活动室面积	C_{19}	0
社会 B_4	卫生所面积	C_{20}	0.061
	兽医站工作人员数量	C_{21}	0.12
	通电覆盖率	C_{22}	0
	通话覆盖率	C_{23}	0
	公共厕所服务半径	C_{24}	0.026
	通广播电视覆盖率	C_{25}	0

5.3 计算综合权重

在分别利用层次分析法和熵值法计算出指标项权重以后，利用加权平均法计算综合权重，在本书中考虑层次分析法与熵值法权重比重相等，则直接计算权重平均值即可，综合权重结果如表 5.32 所示。

表 5.32 综合权重结果

准则层	子准则层	编号	熵值法权重	AHP 法权重	综合权重
环境 B_1	选址距离城镇中心距离	C_1	0.026	0.013	0.019
	人车专用道路硬化率	C_2	0.026	0.039	0.032
	生活污水处理率	C_3	0	0.034	0.017
	生活用水卫生合格率	C_4	0	0.079	0.040
	硬质健身场地面积	C_5	0.121	0.021	0.071
	生活院落面积	C_6	0.050	0.058	0.054
	生活用房面积	C_7	0.082	0.081	0.081
	户用卫生厕所普及率	C_8	0	0.034	0.017
	垃圾收集点服务半径	C_9	0.025	0.016	0.021

续表

准则层	子准则层	编号	熵值法权重	AHP 法权重	综合权重
经济 B_2	草料种植面积	C_{10}	0.120	0.157	0.138
	生产空间面积	C_{11}	0.057	0.157	0.107
	绿色建筑比例	C_{12}	0	0.034	0.017
	清洁能源普及率	C_{13}	0.120	0.025	0.073
	便民超市面积	C_{14}	0.046	0.060	0.053
文化 B_3	生态环境与健康意识宣传率	C_{15}	0.120	0.022	0.071
	体育活动室面积	C_{16}	0	0.013	0.006
	双语幼儿园面积	C_{17}	0	0.035	0.017
	公众参与度	C_{18}	0	0.065	0.033
	文化活动室面积	C_{19}	0	0.013	0.006
社会 B_4	卫生所面积	C_{20}	0.061	0.032	0.046
	兽医站工作人员数量	C_{21}	0.12	0.010	0.065
	通电覆盖率	C_{22}	0	0.019	0.009
	通话覆盖率	C_{23}	0	0.019	0.009
	公共厕所服务半径	C_{24}	0.026	0.007	0.016
	通广播电视覆盖率	C_{25}	0	0.019	0.009

5.4　计算综合评价值及预评价体系应用

5.4.1　计算综合评价值

采用线性加权法来进行最后的综合评价值计算，计算公式如下：

$$N=\sum_{j=1}^{m}a_j w_{ij},(j\in N^*) \tag{5.18}$$

式中：a_j 为评价对象 i 的第 j 个评价指标数值去量纲化后的值；W_{ij} 为该项指标的综合权重值，最后的计算结果 N 值越大表明建设情况越好。在计算综合评价值时，对所有的数值取其允许范围的下限值时，计算得到的结果接近于 0；当对所有数值取其允许范围内的上限值时，得到的结果为 1。而当对这些指标的取值在其所允许的最小值之上时，再加上其允许的取值波动范围的 60%，其计算结果接近于 0.6；对这些指标的取值在其所允许的最小值之上时，再加上其允许的波动范围数值的 85% 时，其计算结果接近于 0.85。所以本书中评价等级 N 的划分为 N < 60 分为不合格，60 分≤ N<70 分为基本合格，70 分

≤ N<85 分为较高水平，≥ 85 分为高水平的划分等级。综合评价值表如表 5.33 所示。

表 5.33 综合评价值

评价等级	综合分数	等级划分
一级	$N \geq 85$	高水平
二级	$70 \leq N<85$	较高水平
三级	$60 \leq N<70$	基本合格
四级	$N<60$	不合格

5.4.2 制作得分查询表

（1）应用方法

在参考英国《BREEAM Communities 可持续社区评价体系》等使用较为成功的评级体系后，制作出得分查询表，将评价体系的应用进行简化，以提高评价体系的实用性。

根据预评价体系指标表中所设定的各指标项的取值范围，将其划分成不同等级的取值，对不同等级的数据进行无量纲化处理（公式 5.12、公式 5.13）后乘以表 5.32 中各自对应的权重值，得到各个等级取值范围所对应的得分，最后绘制出表格，如表 5.34 所示。在预评级体系使用时，根据具体的设计数值查看表格，就可以得到每一项对应的得分，相加后得到最后的总得分，在表 5.33 中查询最后的得分等级。

表 5.34 得分查询表

子准则层	单位	取值范围	得分	取值范围	得分	取值范围	得分	取值范围	得分
选址距离城镇中心距离 C_1	km	$0 \leq C_1 < 2$	1.93	$2 \leq C_1 < 4$	1.45	$4 \leq C_1 < 6$	0.97	$6 \leq C_1 \leq 8$	0.48
人车专用道路硬化率 C_2		C_2=100%	3.19	—	—	—	—	—	—
生活污水处理率 C_3		$70\% \leq C_3 < 80\%$	1/26	$80\% \leq C_3 < 90\%$	1.13	$90\% \leq C_3 \leq 100\%$	1.69	—	—
生活用水卫生合格率 C_4		$95\% \leq C_4$	3.95	—	—	—	—	—	—
硬质健身场地面积 C_5	m²	$500 \leq C_5 < 550$	1.77	$550 \leq C_5 < 600$	3.53	$600 \leq C_5 < 6500$	5.30	$650 \leq C_5 \leq 700$	7.07
生活院落面积 C_6	m²	$90 \leq C_6 < 100$	0.75	$100 \leq C_6 < 120$	1.56	$120 \leq C_6 < 140$	3.07	$140 \leq C_6 \leq 160$	5.38
生活用房面积 C_7	m²	$60 \leq C_7 < 70$	2.68	$70 \leq C_7 < 80$	5.45	$80 \leq C_7 \leq 90$	8.13	—	—

续表

子准则层	单位	取值范围	得分	取值范围	得分	取值范围	得分	取值范围	得分
户用卫生厕所普及率 C_8		80%≤C_8< 85%	0.43	85%≤C_8<90%	0.85	90%≤C_8<95%	1.28	95%≤C_8≤100%	1.71
垃圾收集点服务半径 C_9	m	0≤C_9<10	2.06	10≤C_9<30	1.77	30≤C_9<50	1.17	50≤C_9≤70	0.60
草料种植面积 C_{10}	亩	30≤C_{10}<35	4.57	35≤C_{10}<40	9.28	40≤C_{10}≤50	13.85	—	—
生产空间面积 C_{11}	㎡	500≤C_{11}<550	2.66	550≤C_{11}<600	5.33	600≤C_{11}<650	7.99	650≤C_{11}≤700	10.66
绿色建筑比例 C_{12}	%	75%≤C_{12}<80%	0.34	80%≤C_{12}<90%	1.01	90%≤C_{11}≤100%	1.69	—	—
清洁能源普及率 C_{13}	%	70%≤C_{13}<80%	2.40	80%≤C_{13}<90%	4.87	90%≤C_{13}≤100%	7.27	—	—
便民超市面积 C_{14}	㎡	60≤C_{14}<90	1.33	90≤C_{14}<120	2.65	120≤C_{14}<150	3.98	150≤C_{11}≤180	5.30
生态环境与健康意识宣传率 C_{15}	%	95%≤C_{15}	7.13	—	—	—	—	—	—
体育活动室面积 C_{16}	㎡	150≤C_{16}<165	0.19	165≤C_{16}<180	0.38	180≤C_{16}≤200	0.64	—	—
双语幼儿园面积 C_{17}	㎡	250≤C_{17}<300	0.43	300≤C_{17}<350	0.86	350≤C_{17}<400	1.30	400≤C_{17}≤450	1.73
公众参与度 C_{18}	%	90%≤C_{18}<95%	1.63	95%≤C_{17}≤100%	3.26	—	—	—	—
文化活动室面积 C_{19}	㎡	100≤C_{19}<110	0.13	110≤C_{19}<120	0.26	120≤C_{19}<130	0.38	130≤C_{19}≤150	0.64
卫生所面积 C_{20}	㎡	70≤C_{20}<80	1.55	80≤C_{20}<90	3.14	90≤C_{20}≤100	4.69	—	—
兽医站工作人员数量 C_{21}	人	2≤C_{21}≤3	6.53	—	—	—	—	—	—
通电覆盖率 C_{22}	%	C_{22}=100%	0.93	—	—	—	—	—	—
通话覆盖率 C_{23}	%	C_{23}=100%	0.93	—	—	—	—	—	—
公共厕所服务半径 C_{24}	m	0≤C_{24}<100	1.61	100≤C_{24}<200	1.08	200≤C_{20}≤300	1/23	—	—
通广播电视覆盖率 C_{25}	%	C_{25}=100%	0.93	—	—	—	—	—	—

5.5　预评价体系表应用补充

生态移民定居点的建设涉及多方面的内容，是一个较为复杂的体系。在规划建设中，不应当受限于一个固定的模式，而是根据各个地区的生态环境情况以及经济发展状况等要素来制定相应的设计方案。预评价体系表在一定程度上能作为定居点规划建设的参考依据,但是预评价体系表自身的一些缺陷(如一些无法量化或没有合理量化数据的指标虽然可能很重要却不能加入评价体系表中),使得其对生态移民定居点的建设指导存在一定的不足。预评价体系表的应用正是为了弥补这些不足,希望能更加全面地为生态移民定居点的规划建设提供可靠的参考依据。

5.5.1 人居环境建设补充

在人居环境建设中,建设选址尤为重要,合理的建设选址能为牧民生活和生产的各个方面带来有利的影响,其主要受自然环境条件以及社会经济条件两方面的制约。

在自然环境方面,由于内蒙古地势较为平缓,所以对定居点规划设计选址区别于山区乡村,在山区乡村规划设计选址时,山体和林地能挡风聚气,是人们重要的考虑因素,而对于内蒙古移民定居点的选址,因为没有山体能利用,可以考虑营造防护林来挡风聚气。另外,由于内蒙古自治区地域范围辽阔,自然灾害种类繁多,在设计选址时应当避免灾害频发的地区,远离风灾、地震等灾害影响以及生态敏感的地段。在难以避免时,应当采取合理的防治措施,如利用防护林来减小风灾对牧民生产生活的影响,修建防洪堤坝来确保牧民免受洪水侵害,并树立防灾警示牌以及对牧民开展相应的灾害应对培训宣传等。其他对选址影响较大的因素还包括水资源、草场质量等,这些都应当被考虑到。

社会经济条件在一定程度上影响着定居点的生存发展以及牧民的生活水平,在选址时,应当考虑临近经济条件发展较好的城镇,同时还要保证交通便利。从生活上来说,定居点的基础设施建设以及社会服务设施建设较为匮乏,只能保证牧民基本的生产生活需求,过多的设施建设耗费资金较大,且使用率并不高,所以对于牧民更多的需求只能依赖于临近的城镇,如医院、长途车站、电影院等。从生产上来说,无论是牛奶、牛肉或者其他的一些产品都需要便捷的交通运输来作为产品销售的保障。现在蒙牛、伊利等大型乳品公司拥有自己的牧场,只依靠自己养殖的奶牛提供货源,而牧民所养殖奶牛的牛奶大都销售给附近的奶制品加工厂,比如奶豆腐加工厂以及奶酪加工厂等,所以良好的城镇经济条件能保证牧民的劳动产品有稳定的销售价格与销售路径。

最后,定居点建设的选址应当满足《镇规划标准》(GB 50188—2007)中有关建设用地选择的规定。

5.5.2 经济发展建设补充

经济发展是一个较难控制的因素,因为定居点的经济发展受到多方面因素的影响,如迁入地的经济发展状况、地区政府出台的相关政策以及周边资源环境的充分利用等，而规划设计只是其中的一个影响因素。本书从建筑学角度出发，主要在规划建设方面对定居点的经济发展建设做出一定的补充。

传统的牧民居住建筑受其建造技术等因素的影响，大多是一层，且布局多是“一”字形。定居点的房屋建设延续了这种建筑特征，这样的建筑功能布局简单合理，能保证所有的房间获得南向采光。在“一”字形建筑前加设阳光房，夏季可以遮挡阳光，冬季可以阻隔寒流，能有效地减少能源的消耗，为牧民节省经济，是一种值得学习和延续的建设模式。同时定居点的建设应当考虑合理利用当地丰富的太阳能、风能等清洁能源，其不仅能对生态环境的保护有积极作用，对牧民来说还有一定的经济效益。定居点的建筑设计应当以《内蒙古绿色建筑评价标准》(DBJ 03—61—2014)为参考依据，达到一星及以上的标准。

同时，定居点的规划设计应当预留一定面积的预留发展区，充分考虑今后定居点发展对场地空间的需求。牧民的生产和生活要不断地适应快速发展的经济环境，需要根据定居点周边的自然资源与环境资源等要素发展多元化的经济，在丰富牧民生活的同时还能增加家庭收入。新的牧业养殖形式与生产方式是今后牧业发展的新道路，这就需要定居点的规划建设能为之留有可行之地。

5.5.3　文化教育建设补充

定居点的规划建设应当积极考虑当地的人文要素，包括牧民的饮食习惯、节日活动与习俗、礼仪、信仰等。在定居点规划设计时应当适当采用传统的建筑材料与建造技术，同时注重地域文化符号的挖掘和利用，从传统的建筑形式或装饰上提取文化符号。内蒙古传统地域文化符号是在长时间的岁月洗礼后沉淀下来的具有特殊文化意义的标识，其作为一种历史记忆的载体，承载着牧民千余年的生产与生活。在定居点规划建设上，从建筑、水体景观、道路景观、环境设施小品等方面形成统一的风貌，积极展现内蒙古地区特有的文化氛围。

在预评价体系表中对牧民家庭幼儿的教育做出了相关的规定，希望定居点的规划建设中考虑设立一定规模的双语幼儿园，幼儿园的选址可以综合多个距离相近的定居点来选取，实现多个定居点共用教育资源。若由于环境等因素限制，使得定居点周边无法设立幼儿园，可以充分利用城镇的教育资源，但是应当考虑设置幼儿园专用车辆，便于牧民家庭幼儿上学的接送。对于其他低年级儿童的教育需求，同样可考虑配置校车，或者在学校设置宿舍，以减轻牧民的生活负担。

5.5.4 社会体系建设补充

社会公共服务设施的合理配置对牧民赋值的提高有很大影响,其深刻地影响着牧民的生产与生活,在规划建设中,应当根据定居点的实际规模以及地区的经济承担能力来选择合理的配置标准。在预评价体系表中,有关公共服务设施建设的指标值都是以中型和大型的规模来进行取值,对于特大型以及小型规模的定居点可以以此为参考,进行合理的取值。公共服务设施主要分为三类:管理类、公益类、经营类。其中,管理类主要包括村委会、管理中心等,一般位于定居点生活区相对中心的位置,结合广场等公共空间设置。公益类主要包括双语幼儿园、体育活动室、文化活动室、兽医站、卫生所、硬质健身场地等。公益类公共服务设施更加全面地关系到牧民的生产生活与教育,它们在预评价体系表中的指标值是根据文献调研与实地调研访谈所确定的,具有一定的科学合理性。定居点内的公共空间设计承担着传承地域文化与丰富牧民生活的双重使命,是牧民聚会、参加祭祀活动以及休闲活动的场所,应当与文化活动室、体育活动室及卫生所等公共设施结合设置。定居点的公共空间设计应当具有开放性、艺术性,是一种充满活力的空间。经营类包括便民超市等。具体的面积大小以预评价体系表为参考,修建形式根据不同的规划布局形式而定。

5.6 小结

层次分析法计算权重的依据是专家打分的结果,属于主观性的评价方法,其计算中最重要的两个步骤是专家打分和对打分结果的一致性检验,其中一致性检验是对专家加分结果的科学性和合理性的验证。熵值计算权重的依据是实地调研的数据,属于客观的评价方法。在其计算中,选取了建设较为完善,且有突出特征的四个定居点作为计算的依据,既避免了冗杂的计算过程,又使得计算结果更加全面且具有代表性。本书将两种不同的评价方法结合使用,相互弥补不足,保证最终的权重计算结果更加科学合理。

研究根据预评价体系表的评价内容与指标值,结合相关的计算公式,制作出得分查询表与综合评价值表。在实际的应用当中,根据规划设计的数值,在得分查询表中查找对应的得分,将所有项目的得分相加后寻找综合评价值表中的对应等级。

预评价体系表严格遵守相应的构建原则,结合现有的评价体系、政府文件、实地调研数据等多方的资料进行整合,以确保预评价体系的科学性与合理性。评价体系自身存在一些缺陷,如难以对一些不能量化的指标进行评价,这样的指标项一般不纳入预评价体系中。若将这样的指标项以非量化指标的形式纳入评价体系中,则在使用时需由专家或有丰富经验的工作人员来决定其取值，这样大大降低了评价体系的实用性而难以推广。针对这样的情况，在人居环境建设、经济发展建设、文化教育建设、社会体系建设四方面提出了相应的补充，希望能为生态移民定居点的建设提供更加完善的参考依据。

下 篇

典型定居点绿色营建模式

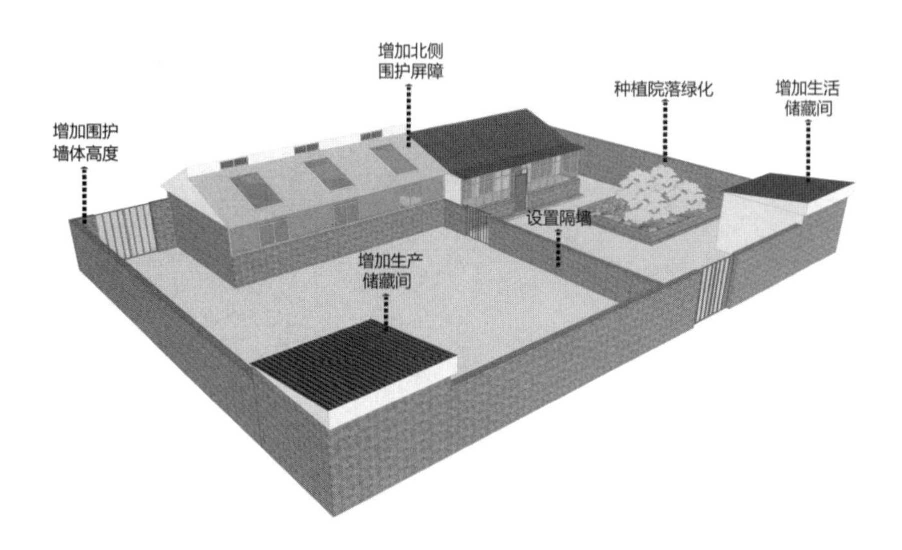

第 6 章　典型定居点规划布局层面绿色生态技术分析

如今在追求生态宜居、国家政策引导和牧户生活需求等各方面的问题引导下，面对内蒙古中部草原牧区生态移民定居点的发展现状，如何继续发展生态移民定居点，既能加强保护草原生态资源的力度，又能提高牧民居住生活质量，已经成为当下很重要的议题。

本章就分析生态移民定居点的当前现状，针对规划层面突出的问题进行绿色技术分析，运用生态建筑理论，以及相关技术软件进行模拟，探讨符合“节能、节地、节水、节材和环境保护”措施，满足当下居住的“绿色性”要求，最终验证当前营建做法的合理性，并为今后的生态移民定居点提出方法论的指导依据。

6.1　聚落选址特征

6.1.1　聚落朝向分析

经过课题组对生态移民定居点的走访调研，并梳理其聚落选址特征，发现房屋的布局基本都是坐北朝南，个别会考虑交通、地形等因素，出现聚落朝向的位置偏转。坐北朝南的聚落朝向布局是为了满足国家强制性规定的建筑日照，其最主要的影响因素就是太阳辐射和风向。太阳辐射和风环境不单会影响聚落选址，也会影响定居点布局和院落朝向。因而课题组基于 Ecotect 软件的 Weather Tool 子软件进行太阳辐射与风环境分析，选取百灵庙镇的气象数据做基点，以此作为内蒙古中部草原牧区的数据参考，寻找科学依据。

（1）太阳辐射分析

图 6.1 显示了百灵庙镇 4 月 23 日上午 11：00 的太阳高度角与方位角。日轨分析图显示了太阳高度角和方位角的网格线天穹，同心圆代表了太阳高度角，外面一圈代表了太阳方位角，黄线代表了太阳直射的平均值。从图示之中，可以清楚得到哪个朝向更适合利用太阳能。

通过对太阳辐射的深入分析，可以推算出本地的最佳朝向与方位。所谓最佳方位主要考虑居民居住建筑物中，全年房屋最适宜人们居住的环境，这个方位最符合人们的日常起居等生活状态;最佳朝向是根据过热时段内太阳辐射较少,过冷时段内太阳辐射较多,取两者权衡折中的一个方向。如图 6.2 显示出百灵庙镇的最佳朝向为 162.5°,最差朝向为 72.5°,对此在聚落选址,以及后期建筑设计方向方面,于太阳辐射因素的限定下,该地生态移民定居点聚落与建筑的最佳朝向为南偏东 17.5°,大致为正南方向。但所谓的"最佳朝向"还要考虑具体地段的环境影响加以确定。

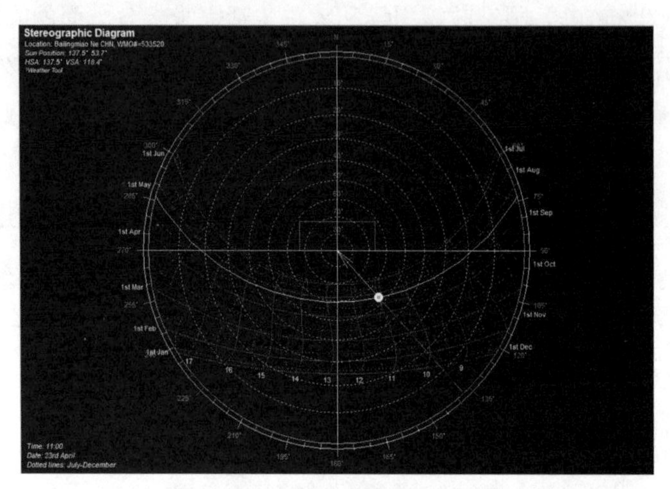

图 6.1　百灵庙日轨分析图

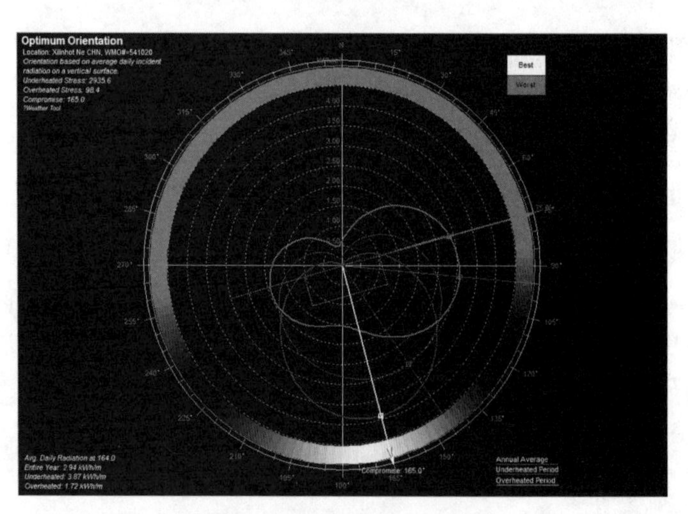

图 6.2　百灵庙最佳朝向分析图

(2)风环境分析

内蒙古中部草原牧区地势相对复杂,地处高原之上,又受到阴山山脉阻挡,常年风速相对均匀,风力比较大,这样不仅会影响建筑物本体,而且会带走建筑表面温度,直接影响到居住空间的热舒适性。因此采用气象数据分析风环境是有必要的。图 6.3 所示是该地全年风环境分析图,横坐标示意风向,纵坐标示意风速,图示颜色的深浅代表风频,颜色越深，风频越高。从图 6.3 中可以看出，北偏东和偏西 75°（颜色相对较深）风力较大，风基本来自北向，因此此地区建筑物主入口不宜向北。

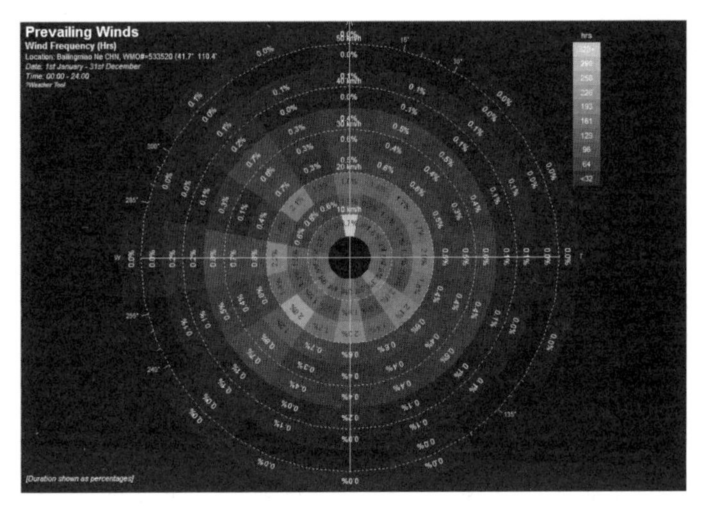

图 6.3　百灵庙风环境分析

6.1.2　聚落布局选择

生态移民定居点采用集中安置的方式，改变了牧民原有的“游牧”状态，这种安置方式有利于保护草原生态环境，同时还达到了节地的目的。调研发现，有的生态移民定居点选择向阳坡，背山面水，利用缓坡地势获得充足的太阳辐射，又避免寒风的侵袭，比如伊日勒吉呼嘎查背靠后山，南向经过“闪电河”。另外，这种地势布局不仅能够减少施工建造中的挖填土方量，节材的同时也能降低施工难度。

聚落选址的本质在于对周边环境条件和资源的合理化利用，避免定居点形成“空村”，如图 6.4 所示。西阿玛乌苏园区依靠交通发展旅游产业；伊日勒吉呼嘎查的牧户依靠城镇经商、务工维持生计；塔本敖都嘎查保持传统养殖业，并利用现代化管理模式实现规模化经营生产。因而，激活定居点的最好方式是引进产业发展，合理利用资源，带动牧民经济生活水平。

图 6.4　定居点“空村”现状

图 6.5　定居点山洪警示牌

6.1.3 绿色营建技术研究

生态移民定居点在聚落选址上也会暴露出相应不合理的地方，比如伊日勒吉呼嘎查，在利用地势方面，背靠山体会因山势走向形成风道，甚至会形成沙尘暴等恶劣气候，以及每逢雨季，会因地势坡度发生洪灾，造成定居点路面雨水汇集，影响牧民的正常生活，定居点山洪警示牌如图 6.5 所示。上述问题的解决方法如下：局部挡风，可利用密林改变风的走向，进而降低冷风造成聚落的热量损耗，也可以调节空气温度与湿度；排水组织，可以在聚落的上侧（北向）设置挡水墙或渠道，有组织地流向农作物一端，既缓解了聚落的排水压力，又能充分利用雨水灌溉农田或草场，达到节水的目的。

综上所述，合理的聚落选址是节能的首要前提，生态移民定居点聚落选址方面的绿色营建技术，一方面注重太阳辐射与风环境等客观因素，更好把握聚落的朝向；另一方面可借鉴传统聚落的“坐北朝南”“背山面水”等选址理念，以及合理采用周边等社会条件，进行定居点布局，并处理好与周边环境的关系，达到聚落选址的绿色技术要求。

6.2 定居点布局特征

6.2.1 空间布局分析

建筑群的规划布局需要综合考虑建筑单体形态、建筑组团形式、绿化景观布置与道路配置形式等因素对节能的影响，进而改善空间布局的热舒适环境。然而，影响建筑群规划布局最直接的客观因素是日照采光与风环境，对此作出以下分析。

（1）适应日照与最优通风的建筑间距绿色技术分析

生态移民定居点多以一层建筑为主，加上院落空间需要满足生产要求，其规模很大，一般不会存在建筑遮挡等采光问题，这也使得连接牧户单元院落空间没有标准的巷道宽度。因而，在满足“节地与节能”的绿色技术角度限制牧户单元的巷道宽度，以达到定居点院落冬季采暖与夏季通风的目的。

根据满足日照条件下的巷道宽度设计，同样可采用建筑日照间距来推算其宽度，计算原理如下：

$$S=h_0\cot r_h\cos r_0$$

式中：S 为建筑影长；r_h 为太阳高度角；r_0 为太阳方位角；h_0 为前排建筑檐口至后排建筑窗台高度差（巷道多设置在前排建筑之后，与后排牧户院落围墙相连接，这里不涉及窗台，因此取值 3 m）。

通过上述分析可得，当太阳处于正南向时，其牧户单元前后院落之间的巷道形成建筑影长最小，由表 6.1 中数据计算可以得出，建筑间距最小值为 6.36 m。

表 6.1　冬至日当地太阳高度角和方位角

日出时间	日落时间	太阳方位角 r_0	太阳高度角 r_h
8:02	17:11	± 122°	0°
9:00	16:00	± 132°	10°
10:00	15:00	± 144°	17°
11:00	14:00	± 157°	23°
12:00	13:00	± 172°	25°

注：通过 Ecotect 生态软件计算出冬至日每个时刻的太阳高度角与方位角。

定居点布局在不破坏既有的居住建筑形态，处理好新建与原建的建筑布局，满足巷道日照间距的前提下，达到最优的通风目的。生态移民定居点的巷道多布置在前排建筑之后，致使巷道随前排建筑形成不同大小的旋涡区，如图 6.6 所示。为了避免后排牧户单元院落形成旋涡区，定居点间距范围最好大于 12 m。但为了权衡节地与节能两个指标，在旋涡区实施相应的策略，使得当地前后排牧户单元之间巷道的距离可取范围为 6.36~12 m。

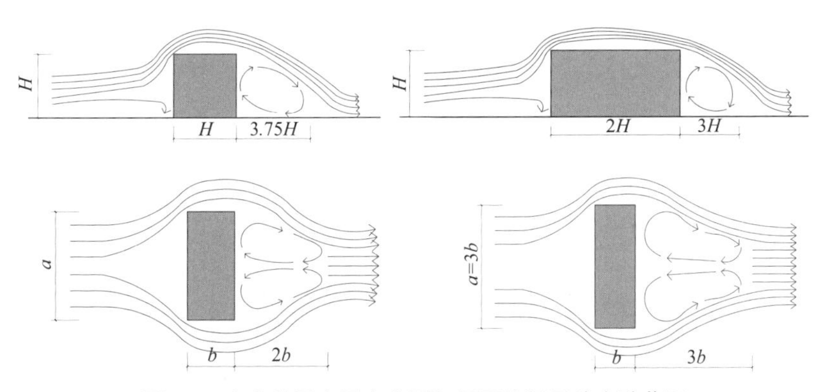

图 6.6　生态移民定居点立面与平面旋涡区的大致范围

因而，巷道改造设计可借鉴以下策略：第一，在满足上述聚落选址最佳朝向基础上，前后排牧户单元之间巷道的最小日照间距为 6.36 m，若适当考虑生产的使用状况，可限制道路最宽极限到 12 m；第二，可将院落围墙设置在上述可取范围之内，切断风向循环，减弱旋涡区风速；第三，结合道路两侧的高大乔木，形成绿荫巷道，如图 6.7 所示，营造路面较好的热舒适感，创造巷道良好的微气候环境；第四，优化道路下垫面设计，结合道路两侧设计绿化透水地面，既有效缓解道路积水，又改善道路环境。

（2）适应风环境的公共区域绿色技术分析

生态移民定居点的规划布局在注重充分获得日照的前提下，同时也要避免不利风向的干扰。一般来讲生态移民定居点的布局常采用混合式、间隔式、分离式三种模式，混合式与间隔式按照固定的行列进行布局，只是在功能布局上有所区分，二者都可以最大化取得日照效果，并且利于通风，但在空间布局上相对枯燥，也容易产生“风影效应”（即形成障碍物正面或北面的风速过低的区域现象），进而使得两排建筑之间的风舒适性明显降低。分离式是利用公共区域将生产区与生活区分开，而实际的公共区域被牧民利用为堆砌牛粪的场地，其通风效果较优于前两者。

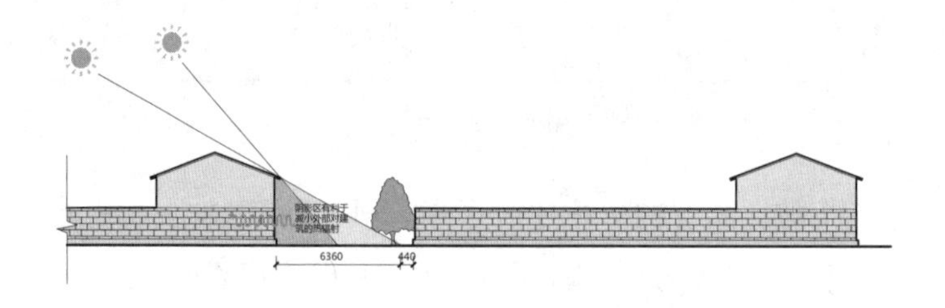

图 6.7　生态移民定居点绿荫巷道示意图

从建筑体型与体量的角度分析，建筑高度相差不大时，会有效组织气流的流动，不会形成风的“驻点”，如图 6.8 所示；而另一种情况就是在冬季主导风向上减少一栋建筑时，中间空地形成高速风或下沉涡流，风压增大，同时热量损耗也增加，也会因风的涡流造成空地乱飞垃圾。这种情况类似于分离式的牛粪场地，形成牛粪异味乱投，影响牧户的正常生活，如图 6.9 所示。

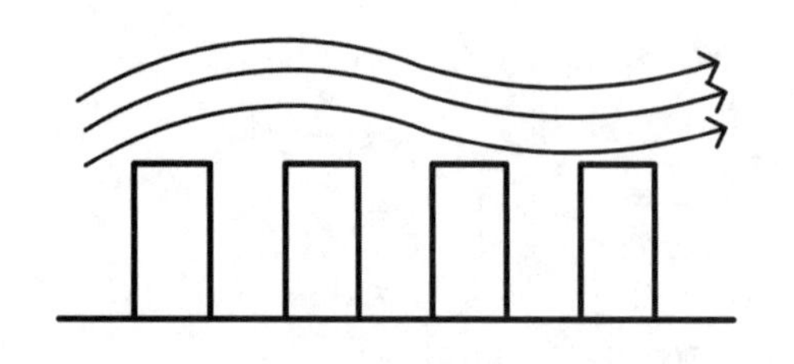

图 6.8　建筑均等高度对气流的影响

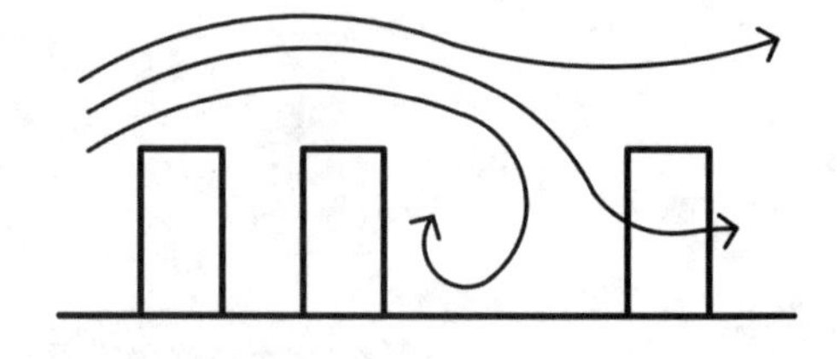

图 6.9　中间“空场地”对气流的影响

6.2.2　外部环境分析

外部环境也是生态移民定居点的外部组成，同时外部环境也会对居住用房产生热量损耗，降低居住的舒适度等。对于生态移民定居点外部环境的生态分析内容主要从抵御冬季寒风、环境卫生条件等方面进行展开。

（1）冬季抵御寒风

内蒙古阴山以北以严寒地区为主，建筑需要充分考虑冬季保温，一般不需要考虑夏季防热。定居点布局改善风环境的作用有限，而最好的方法是结合绿化进行冬季抵御寒风。绿化抵御寒风效果明显，且设置灵活，好的绿化设计可以大大降低定居点的热量损耗，提高居住舒适性，如图 6.10、图 6.11 所示。研究表明：当乔木的防风距离大约是高度的两倍时，风力减少约 50%，民居热损耗降低 75%。生态移民定居点的绿化设置多种植于主干道，并且处于定居点的中心位置，仅考虑定居点的绿化美观功能，而实际作用相对较弱。

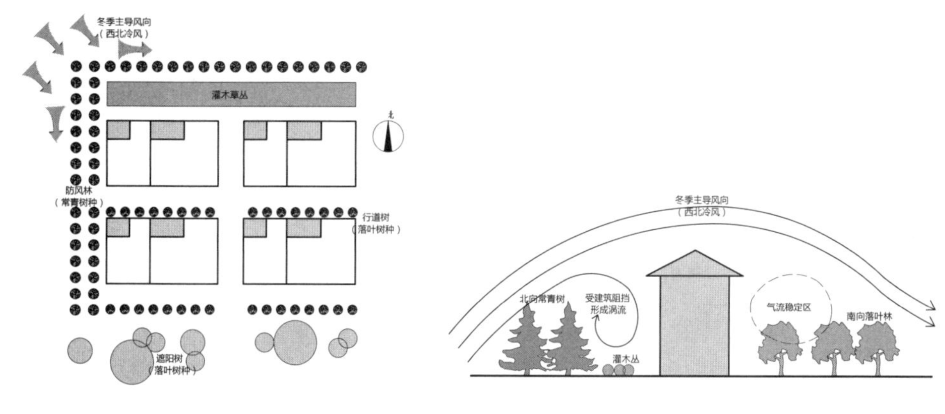

图 6.10　植物局部防风平面示意图　　图 6.11　植物局部防风剖面示意图

（2）环境的卫生条件

在定居点布局当中，外部环境的卫生条件主要考虑主导风向、生产区域（养殖业）与周边环境设施的关系。生态移民定居点的生产区域多与生活院落结合设置，受到主导风向的影响，容易产生较大异味，影响牧民的日常生活，甚至会对周边公共区域造成环境污染。比如温都日湖奶牛村，采用分离式布局，有效改善定居点的内环境，但是东侧与学校连接，受到主导风向的影响，造成学校被严重污染，现已成为政府关注的焦点问题。

6.2.3　绿色营建技术研究

通过上述对生态移民定居点布局方面绿色生态设计的分析，得出风环境影响下，定居点布局的耗能现状，主要造成建筑群体、绿化设计与周边环境条件三方面问题。具体的解决方法包括以下几方面。第一，建筑群体组合。相对而言，分离式的风环境舒适度相对较好，建筑之间的空地可适当种植乔木或营造公建，避免形成涡流。另外，可将公共建筑布置于定居点的上风向，形成障碍物的阻挡。第二，绿化设计。要在考虑风向的前提下进行景观设计，局部种植乔木或增加围墙高度，达到抵御寒风的效果。第三，周边环境条件。

可将生产区域布置在下风向或南侧的垂直风向，并注重与周边环境的关系。

除此之外，风环境组织的最主要原则就是巷道与夏季风平行，形成道路通风，与冬季主导风向形成一定夹角，进而抵御寒风。把握这些绿色技术方法，可有效改善定居点布局环境，提高定居点给牧户带来的舒适性。

6.3 院落空间特征

6.3.1 院落节能分析

通过对生态移民定居点牧户单元院落空间构成的风环境模拟，可以清晰地表达院落空间风场的布置状况，对院落空间环境进行定量性研究，为院落空间功能优化提供参考依据。院落空间风环境模拟通过 Ecotect 的插件 Winair 进行模拟，针对第三章提到院落空间构成主要包括对半混合式（混合式）、前房后圈式（混合式）、L 形围合院落（分开式）与前房后院式（分开式）四种类型，因为国家对定居点统一实施建设，所以定居点多以对半混合式的院落模式存在。又因内蒙古地区常年风速相对均匀，风力较大，牧户会使用相应解决方法抵挡寒风。这里以“对半混合式”的常见空间变化为例，建立宏观模型，参考内蒙古地区在 12 月至次年 2 月产生的风力较大，多为西北风，全年最大平均风速可达 6.8 m/s，并且当地居住用房北面窗户相对较小，多以南窗为主。对此模拟院落内部的风速变化，分析风速对院落空间与建筑外墙产生的影响。

图 6.12 为政府原建的院落空间构成，居住用房层高为 3.6 m，院墙高度为 1.5 m。原建牧户单元院落空间内部形成较大的风速循环，最大风速可达 1.08 m/s，不仅造成建筑的热量损失，而且影响牧民的正常生活。随之牧民做出应对风环境的不同方案。

方案 1：院落采用 1.5 m 隔墙分开管理，如图 6.13 所示。

方案 2：增加居住用房与牲畜棚圈的开间，北侧形成建筑围合，如图 6.14 所示。

方案 3：围合院落墙体在原来的基础上增加至 2.5 m，如图 6.15 所示。

通过图 6.13~ 图 6.15 的对比研究分析，可看出：方案 1 采用隔墙，将风循环断开，致使风力减小；方案 2 采用北侧障碍物，整个院落风速相对稳定，仅形成生活院落西南角风速较大，可达 1.50 m/s，方案 2 将居住用房与棚圈山墙连接形成整体，减小体型系数，有利于建筑保温，又有助于院落防风；方案 3 加高院落围墙，院落内风环境稳定，风速均匀，起到良好的防风效果，同时也保证了院落内部的私密性。但对于院落外墙风循环加大，为避免建筑的热损失，就需要加强建筑外墙保温措施，抵挡冬季寒风。

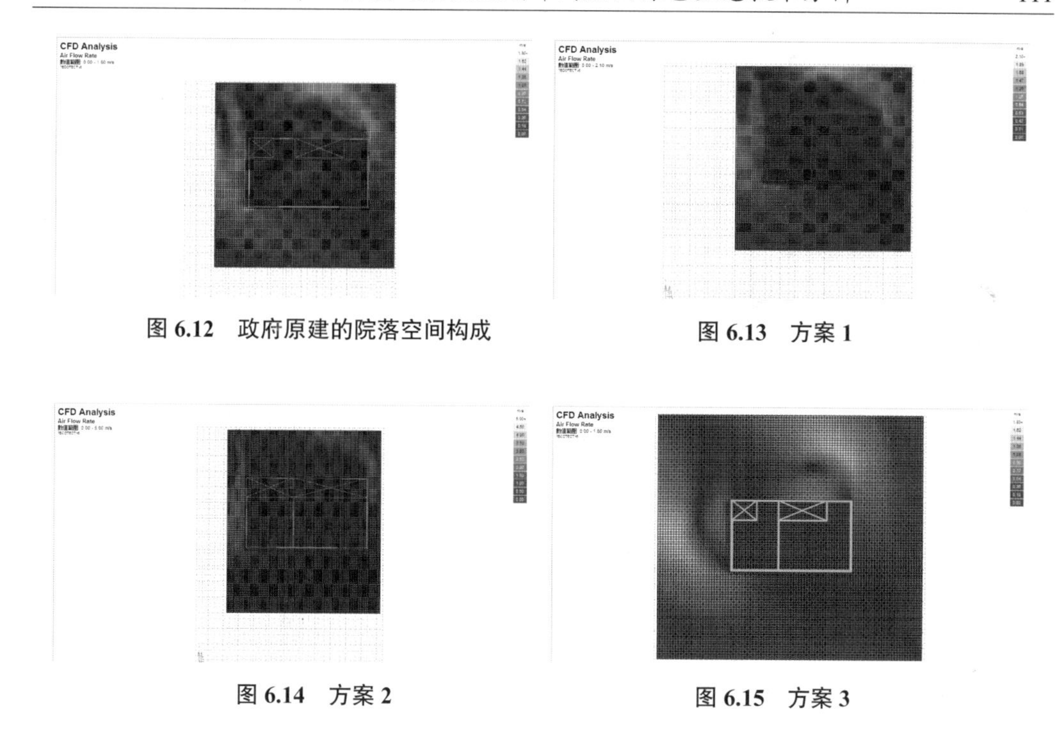

图 6.12　政府原建的院落空间构成

图 6.13　方案 1

图 6.14　方案 2

图 6.15　方案 3

6.3.2　院落能源利用

生态移民定居点采用独家独户的院落空间模式。从环境卫生相比较，对半混合式与前房后圈式的卫生条件较差，其主要原因是以养殖牲畜为主的生产院落占据了主要空间。院落空间常见有秸秆草料、牛粪等，甚至牧户为了扩大生产，占据了生活院落，导致整体院落形成“脏乱差”的现状。要想改善院落空间环境，可以从能源利用与院落空间改造两方面入手，形成生产生活、能源再生、环境保护的和谐居住空间。

通过结合生态学知识，努力提高生物质能、太阳能等清洁能源的利用，形成沼气系统，促使物流与能流的不断内部循环和多次利用，进而减少对煤炭、燃气或电等常规能源的浪费。内蒙古地区冬季寒冷，沼气系统不能正常使用，牧民可尝试利用太阳能沼气系统，如图 6.16 所示。通过太阳能促使院落废弃物发酵，产生大量甲烷气体，变废为宝形成清洁能源。结合规划理论，将院落废弃物、厕所排便与废弃秸秆统一作为发酵池的原料，就近设置于提供原料的生产院落，又能方便供给牧户使用，可用于炊事和照明，且产出的废渣可用作土地肥料。形成以太阳能为动力，促进生活养殖、生产沼气和有机肥的节能院落空间模式。

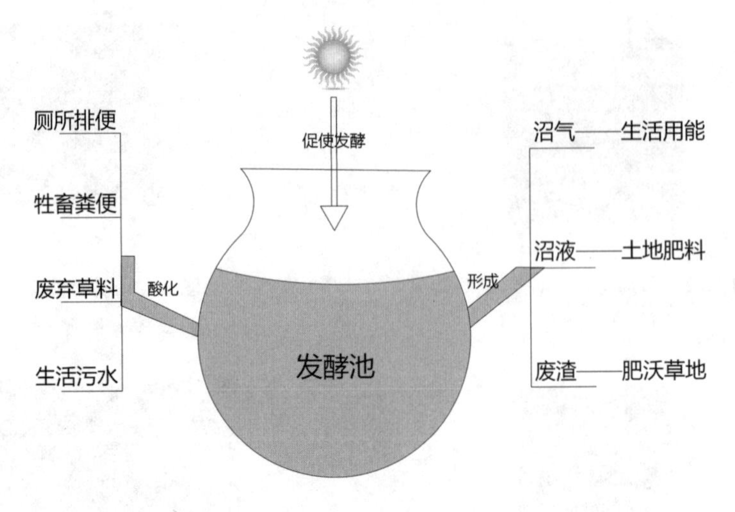

图 6.16 太阳能沼气系统工作原理示意图

6.3.3 绿色营建技术研究

生态移民定居点院落空间的逐渐细化是当今的发展趋势。调研发现，原有的院落空间不能满足当下牧民的生产生活需求，出现定居点功能使用空间比例失调的现象，使其院落土地利用不合理。按照牧民生产现状，可适当增加牲畜暖棚、饲料储存、独户卫生间等辅助空间，基于对院落节能分析的研究，辅助空间可布置在院落北侧位置，形成防冷风的建筑屏障。另外，除了利用太阳能沼气系统，提高牧民居住环境质量，同时也要进行院落空间的组合设计，对生产与生活院落分开管理，功能上互不干扰，并结合定居点布局特征，对外独立设门，各行其道。

综上所述，生态移民定居点院落的改善措施，需要把握“加高院墙”“设置北向建筑屏障”“利用太阳能沼气系统”等方法，还要满足牧民当下的生产生活空间与居住环境要求。

6.4 小结

本章基于生态移民定居点的规划布局层面的突出问题，从聚落选址、定居点布局和院落空间三方面，运用生态建筑理论、Ecotect 软件及相关节能软件，对内蒙古中部草原牧区生态移民定居点营建做法的绿色性、生态性与合理性进行逐步分析和探讨，并有针对性地提出设计方法与策略，为生态移民定居点的规划设计提供依据。

第7章　典型定居点建筑单体层面绿色生态技术分析

内蒙古中部草原牧区生态移民定居点各个区域有着类似的建筑风格，但应对气候、地理条件与生产生活方式，有着不同的建筑形态和技艺表达，同时潜在的符合地域环境气候的绿色生态技术也相对稳定。

本章延续第六章规划层面内容，基于当下生态移民定居点建筑现状，选择具有代表性的问题，从建筑单体对其进行绿色技术分析，同样运用相关的节能技术软件和专业知识，验证当前建筑单体层面的"绿色"合理性，并做出相应的符合绿色技术的建筑设计方法，提出进一步的方法论指导。

7.1　建筑空间形态

7.1.1　居住用房体型系数分析

建筑体型系数是指建筑物与室外大气接触的外表面积与其所包围体积的比值。公式表示为：$S=F_0/V_0$，式中，S 为建筑体型系数；F_0 为建筑外表面积（不包括地面、户门以及不采暖楼梯间隔墙的面积）；V_0 为外表面积围合的体积。从中可以得知，建筑体型系数越小，建筑外围护的热损耗越小；当建筑体积一定时，建筑物外表面接触室外面积越大，建筑体型系数就越大，消耗建筑热量就越多。又有《民用建筑设计节能标准》规定北方严寒地区采暖居住房间的建筑体型系数以不大于0.3为限制；《严寒和寒冷地区居住建筑节能设计标准》（JGJ 26—2010）规定严寒地区不超过三层居住建筑的建筑体型系数不大于0.50。内蒙古中部草原牧区生态移民定居点牧户单元多为独户独院，居住建筑为一层砖混结构，加上居住用房多为分散布局，建筑体型系数通常大于0.6，达不到建筑实际的节能效果。因而根据当地生态移民定居点的建筑现状，结合建筑体型，以下方法可进行参考。

（1）增大建筑体量

通过增加建筑开间与进深尺寸，或增加建筑基底面积，进而增大建筑体量，从而减小建筑体型系数，减少建筑耗热量。生态移民定居点居住用房体型方正，政府基本按照每家户头划分面积，进深多限制为6~8 m，这样开间也受局限。但从整体院落分析，是可以进一步扩大开间与进深,具有增大建筑体量的潜力。

(2)减少凹凸变化

尽可能避免建筑出现过多的凹凸体型,使其简化、规整,进而减少与室外接触的建筑外表面积,降低建筑体型系数。生态移民定居点建筑的加建现象严重,出现过多的不规整的建筑形体,例如温都日湖奶牛村出现了"L"形建筑布局,建筑高度变化不一致,过多增加建筑散热面,形成建筑耗热量增大。

(3)采用联排式布局

建筑多采用背对背、联排、并联等组合布局方式,有效缩减建筑体型系数,降低建筑能耗。混合式相邻牧户单元居住用房、畜牧棚圈可以采用一字联排布局;分离式的"L"形建筑布局,可采用背对背的方式,缩减体型系数,进而减小建筑耗热量,如图 7.1 所示。

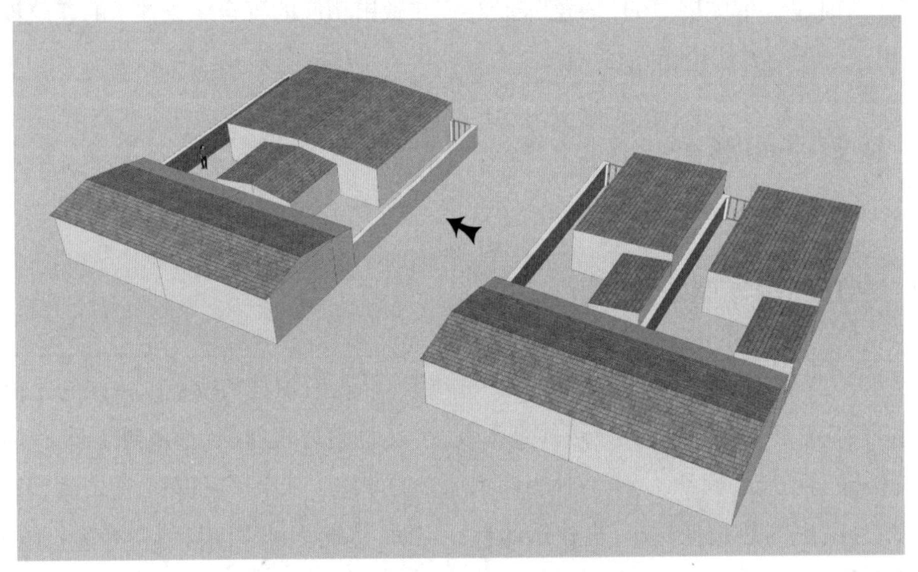

图 7.1　两个牧户单元并联与背对背的组合形式

(4)适当增加层数

低层建筑不利于建筑节能,体积越小建筑外围护结构的热损耗占总热损耗比例越大。研究表明,适当增加建筑层数,可降低建筑体型系数,但增加到 8 层及以上,建筑节能表现不明显。定居点居住用房基本以一层建筑为主,在提高居住用房的安全性前提下,可尝试增加至两层建筑形体,使其竖向变得紧凑,既能减少建筑热损耗,又能达到节地的目的。

7.1.2　牲畜棚圈环保分析

牲畜棚圈的建设,要符合当地的气温变化、牛场的生产流程以及用途等因素,并能够达到经济实用、就地取材的优点。修建牲畜棚圈的目的是给牲畜创造适宜的生活环境，保障牲畜的健康成长，以便获得更多的畜产品，以及提高养殖业的经济效益。良好适应气候的牲畜棚圈，需注重日照采光、隔热保温、自然通风等条件，达到绿色生态的设计标准。

内蒙古中部草原牧区，冬季以严寒气候为主，适宜发展封闭的棚圈空间，并选择太阳光充足的最佳朝向，以减小建筑的耗热量，达到防寒保温的效果。除此之外，牲畜棚圈还要做到以下两方面：一方面，结合中部草原牧区牲畜棚圈多采用双坡屋顶，可在南向屋面采用有色彩钢与透明彩钢（或透明玻璃）搭配设计，透明部分可进行拆卸，更好地保证棚圈室内的日照与采光；另一方面，可升高北向屋面，与南向屋面形成高差，高差部分设计可开启的窗扇，并在北侧外墙下设置排风口，形成内部空间的通风系统。夏季打开窗扇，有助于排出棚圈内部的异味与燥热；冬季关闭窗扇，减少内部空间的热损失，如图 7.2 所示。

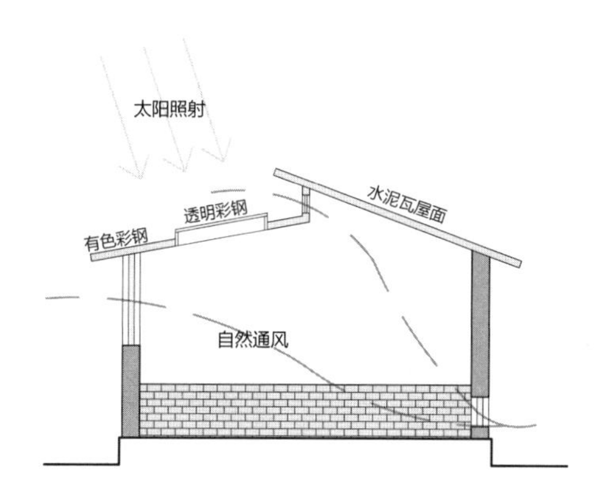

图 7.2　牲畜棚圈采光、通风构造示意图

7.1.3　绿色营建技术研究

控制体型系数的前提，是要保证平面使用功能、平面的布局优化以及建筑风貌塑造得到充分的考虑。因而，建筑形态也受建筑平面功能与布局和建筑风貌的影响，就这两方面对建筑形态的绿色生态技术做相应的设计补充。

建筑平面功能与布局：可按照传统民居房间尺寸，做到使用面积合理与最小化。另外，建筑总体尺寸，常以减少进深尺寸，扩大建筑开间的采光面，以便获得更好的室内采光，增强建筑室内的保温蓄热的效果。建筑风貌塑造：基于绿色建筑理念下，要继承传统的地域建筑文化，从色彩、纹饰等方面提取可利用的建筑元素，形成与周边环境的协调与统一。

综上所述，生态移民定居点居住用房需要通过“建筑平面功能与布局”“建筑风貌”

以及“建筑体型系数”来保证建筑绿色生态技术;牲畜棚圈主要是营造良好的室内卫生条件,保证棚圈内部的采光通风要求。

7.2 建筑细部构造

7.2.1 屋顶形式性能分析

在建筑围护结构当中,屋顶是房屋上层具有覆盖作用的围护部件,有遮风挡雨、保温蓄热或晾晒粮食等功能,同时是建筑围护结构中最大化接收太阳辐射的建筑部位。通过实地调研发现:生态移民定居点居住用房的屋顶形式主要有平屋顶与坡屋顶两种形式,而且基本是坡屋顶形式,坡度有 20° 左右。相对坡屋顶结构来讲,平屋顶结构复杂,而且经常会出现漏雨现象。坡屋顶增加了居住用房的高度,有效地阻止风的流动,避免冷风侵袭,同时也增大屋面接收阳光的面积。坡屋顶的构造形式关键在于坡度设计,选择最佳坡度可以充分发挥坡屋顶的优势。

表 7.1 不同纬度地点的大寒日与大暑日的太阳高度角

纬 度	大暑日正午太阳高度角	大寒日正午太阳高度角
10°	80°	60°
15°	85°	55°
20°	90°	50°
25°	85°	45°
30°	80°	40°
35°	75°	35°
40°	70°	30°
45°	65°	25°
50°	60°	20°
55°	55°	15°
60°	50°	10°

根据张俭的《传统民居屋面坡度与气候关系的研究》一文研究结论得知:坡屋顶要充分利用该地的太阳辐射,其最合适的坡度范围是在大寒日与大暑日太阳高度角之间,如表 7.1 所示。介于这个范围之内,可以寻找适应该地太阳辐射的最佳屋顶坡度。综合考虑坡屋顶的倾斜角度和风速、降雨、温度与太阳辐射有关系,且更能从绿色层面的角度,解释坡屋顶设计的科学合理性,可采用太阳高度角的计算公式:

$$\sin H = \sin \varphi \sin \delta + \cos \varphi \cos \delta \cos t$$

式中：φ 为观测地地理纬度，单位是度；δ 为太阳赤纬，单位是度；t 为时角，单位是度。通过该公式计算出不同纬度大寒日与大暑日的太阳高度角，进而确定坡屋顶倾斜角度的设计。

内蒙古中部草原牧区生态移民定居点主要处于北纬 41° ~45° 之间，可确定中部草原牧区大暑日的正午太阳高度约为 65°，大寒日的正午太阳高度约为 25°。根据屋面与正午太阳高度角保持垂直关系，可充分获得太阳辐射，因而，适应内蒙古中部草原牧区太阳辐射的屋面坡度范围为 25° ~65°。通过上述的坡度分析，并综合考虑气候各方面的影响因素，选择最佳的屋顶倾斜角度。

7.2.2　窗墙面积比性能分析

窗户在建筑中主要起着采光通风的作用，生态移民定居点居住用房的窗户为了满足充分的日照效果，南窗洞口相对较大。后期牧民加建时，各个墙体随意开窗，窗洞大小不统一，甚至出现了横向长窗。在内蒙古冬季的严寒气候下，室内空间需要日照采光是必要的前提，但盲目的增加窗户尺寸，使窗户增大，反而导致建筑空间的保温性能降低，对建筑节能不利。根据生态移民定居点的窗户特征，从提高窗户的保温隔热性能出发，进行分析探讨。

窗墙面积比是权衡判断围护结构热工性能的重要指标，窗墙面积比是指某一朝向外窗与同朝向墙面的总面积（包括窗户）之比。在《严寒和寒冷地区居住建筑节能设计标准》中对严寒气候区的窗墙面积比规定限值，可对该地区窗户的大小进行约束。如表 7.2 所示。本书涉及区域主要是严寒地区，此处窗墙面积比的限制范围为：北向≤ 0.25；东或西向≤ 0.30；南向≤ 0.45。

表 7.2　窗墙面积比限值

朝向	窗墙面积比	
	严寒地区	寒冷地区
北	≤ 0.25	≤ 0.30
东、西	≤ 0.30	≤ 0.35
南	≤ 0.45	≤ 0.50

除此之外，生态移民定居点居住用房还需要提升窗户材料的品质来维持其保温隔热性能。本书通过对典型生态移民定居点窗户现状特征的分析，进而得出窗墙面积比。课题组通过查阅《内蒙古居住建筑节能设计标准》，对比窗墙面积比，得出外窗传热系数的

限值，并与实际获得的传热系数相对比，确定是否符合标准。传热系数是指在稳定传热条件下，围护结构两侧空气温差为 1℃，单位时间通过单位面积传递的热量，单位是 W/(㎡·K)，此处 K 可用℃代替。传热系数反映了传热过程的强弱，是一个过程量。影响传热系数的因素主要包括两侧壁面的风速、围护结构表面形状和材料的导热系数，其中围护结构所选取材料对其传热系数影响最大。传热系数越大围护结构的保温效果越差。

课题组通过对典型生态移民定居点的实际调研，发现其居住用房的传热系数都不符合现代节能设计标准，如表 7.3 所示。

表 7.3 典型生态移民定居点外窗传热系数的比较分析

生态移民定居点	外窗 K 限值	朝向	窗墙面积比	外窗 K 值	是否达标
西阿玛乌苏园区	2.0	南	0.14	6.2	否
温都日湖奶牛村	2.0	南	0.18	6.2	否
	2.0	北	0.11	6.2	否
伊日勒吉呼嘎查	1.8	南	0.21	6.2	否
塔本敖都嘎查	1.8	南	0.25	6.2	否
	2.0	北	0.02	6.2	否

注：外窗 K 值，根据窗框与玻璃材料，进行传热系数的查阅，例如西阿玛乌苏园区采用铝合金普通玻璃的窗材。

在实地调研中发现，牧户居住用房为了更好地提高建筑的保温隔热性能，基本都采用双层窗户。相比单层窗户来讲，双层窗户可以提高建筑室内的热舒适性。除此之外，还可以通过以下改善窗户的方法，提高外窗的保温隔热性能。

①适当扩大窗户洞口：主要针对南向可接收日照的采光窗，在满足严寒地区窗墙面积比的前提下，适当增加窗户的尺寸。

②提高窗户的气密性：牧户居住用房外窗的气密性效果不佳，为了避免冷风渗透，提高外窗密封性能，也是对建筑节能的表现。提高窗户气密性，主要选择拉伸强度和韧性较高，且具有良好的耐温性与耐老化性的密封胶条，提高窗户边缝的抗渗透性能。

③选择较好的窗框材料：较好的窗框主要把握以下几点，选择导热系数小的框材；可选用断桥式窗框，避免出现热桥；窗框内部可形成空腔，更好地来提高外窗的保温隔热性能。

④选择双层中空玻璃：可增加窗户层数或玻璃层数，并在玻璃表面进行深色涂漆或贴膜，更好地避免建筑通过外窗损失热量，同时深色也可以进行吸热，增加室内热舒适效果。

7.2.3 绿色营建技术研究

针对生态移民定居点建筑细部构造重要的两个方面（屋顶形式与窗墙面积比），课题组进行了软件模拟分析。为了更好地保证室内空间的舒适性，从建筑细部构造方面深入绿色生态技术的挖掘。其一，北侧尽量避免在主要房间开窗，可在附属空间开窗，既保证室内空间采光的要求，又避免室内热量的过分散失。其二，室内空间要保证正常的自然通风，提高室内卫生条件。可将进、出风口错开，互为对角设置，使气流经过大的室内区域时，形成上下错位对流。其三，多在窗洞口设置安装便捷，易操作的厚重窗帘或封闭透明窗纸，这样既增加室内空间密闭性，又避免热损失。

综上所述，生态移民定居点在建筑细部构造方面增强热舒适性，可以从“外围护墙体，屋顶形式以及窗洞的设置要求”等方面来考虑。

7.3 建筑结构与材料

7.3.1 建筑材料热工分析

住宅的围护结构主要包括外墙、屋顶与门窗，在住宅的使用过程中，建筑围护结构起着保温蓄热、防火防水、支撑屋顶等作用。据相关实验表明，仅从围护结构的热工性能来讲，围护结构的能耗占整个住宅供暖能耗的 30%，而这些能耗主要通过冷风渗透与热传导的方式失去热量。这就要求围护结构需要有较好的保温隔热材料，以减少因室内外温差的引起的热传递，进而避免建筑能耗的增高。生态移民定居点居住用房大量使用周边随处可见的石头、木材、黄泥与草等本土材料，这些材料取自自然，从居住用房的建设到废弃，对周边自然环境的破坏与影响较小，这些材料在使用当中也能充分发挥循环作用。从绿色建筑理论来讲，使用这些材料符合节材的标准。但最近几年来，因牧民生活水平的提高，居住用房加建、乱建现象严重，过于效仿城镇化建设，使用大量的新型建材，并结合本土材料形成了居住用房使用材料。针对第三章居住用房建构材料的现状调研，结合常见外墙与屋面的构造做法，进行建筑材料的热工分析。

如表 7.4~表 7.8 所示，内蒙古生态移民定居点的居住用房与现代建筑屋面热工性能指标相比较，还是能够达到良好的保温蓄热效果，即居住用房平屋顶的热稳定性相对较好。相比较而言，案例 1 与案例 2 从外墙的热工性能比较，可以看出黏土多孔砖具有良好的热工性能；案例 3 与案例 4 从不同形式屋面的热工性能比较，可得出平屋顶热惰性指标高于坡屋顶，进而说明平屋顶的热稳定性较好。因此，可进行热工性能好的优先选择，对效能不高的建筑材料，可进行互补性的替换，或从构造方面维护室内的热舒适性。

表 7.4　内蒙古中部草原牧区东部移民定居点外墙材料热工分析（案例 1）

名称	材料厚度 d mm	蓄热系数 S W/(m²·℃)	导热系数 λ W/(m·℃)	热阻 R m²·℃/W	热惰性指标 D
实心黏土砖	240	10.63	0.814	0.29	3.08
水泥砂浆	10	11.37	0.93	0.011	0.125

表 7.5　内蒙古中部草原牧区西部移民定居点外墙材料热工分析（案例 2）

名称	材料厚度 d mm	蓄热系数 S W/(m²·℃)	导热系数 λ W/(m·℃)	热阻 R m²·℃/W	热惰性指标 D
黏土多孔砖	240	7.92	0.58	0.414	3.28
水泥砂浆	10	11.37	0.93	0.011	0.125

表 7.6　内蒙古中部草原牧区东部坡屋顶形式移民定居点屋面材料热工分析（案例 3）

名称	材料厚度 d mm	蓄热系数 S W/(m²·℃)	导热系数 λ W/(m·℃)	热阻 R m²·℃/W	热惰性指标 D
垫木	60	3.85	0.14	0.429	1.65
细树枝	40	0.83	0.047	0.851	0.706
泥浆	30	6.436	0.47	0.064	0.411
水泥瓦	15	不计入			
屋面厚度	145	—	—	1.344	2.767

表 7.7　内蒙古中部草原牧区西部平屋顶形式移民定居点屋面材料热工分析（案例 4）

名称	材料厚度 d	蓄热系数 S W/(m²·℃)	导热系数 λ W/(m·℃)	热阻 R m²·℃/W	热惰性指标 D
钢筋混凝土板	100	17.2	1.74	0.057	0.989
炉渣	150	4.41	0.29	0.517	2.280
水泥砂浆	20	11.37	0.93	0.021	0.239
屋面厚度	270	—	—	0.595	3.508

表 7.8　现代建筑屋面热工分析

名称	材料厚度 d mm	蓄热系数 S W/(m²·℃)	导热系数 λ W/(m·℃)	热阻 R m²·℃/W	热惰性指标 D
水泥砂浆层	25	11.27	0.93	0.027	0.303
水泥砂浆	25	11.37	0.93	0.027	0.306
挤塑聚苯板	100	0.32	0.03	3.333	1.067

续表

名称	材料厚度 d mm	蓄热系数 S W/(m²·℃)	导热系数 λ W/(m·℃)	热阻 R m²·℃/W	热惰性指标 D
水泥砂浆	30	11.37	0.93	0.032	0.367
钢筋混凝土	100	17.20	1.74	0.057	0.989
屋顶面层总和	280	—	—	3.477	3.031

注:原始参数查自于绿建斯维尔节能设计软件 BECS2016。

7.3.2　建筑结构利用分析

绿色建筑的发展,对于建筑结构的要求,主要在于结构设计的安全可靠、经济合理,并能充分利用高强高性能的绿色建材,达到充分提高节材与环保的力度。常见的生态移民定居点建筑单体的结构形式。主要有砖混结构与轻钢结构两种形式。本书从绿色建筑发展的角度,对两种结构形式进行分析。

(1)砖混结构

砖混结构是生态移民定居点居住用房广泛使用的结构体系,从生产工艺来讲,砖混结构体系是人们智慧的结晶,如图 7.3 所示。这种结构形式具有便于就地取材与施工建设的优点,极大程度地节省了建筑材料。砖混结构整体架构轻盈,但质地坚硬,适合营建建筑。随着社会的不断进步,砖混结构暴露出很多缺点,比如砖砌墙体围合的空间形式有限,不具备灵活性。

(2)轻钢结构

内蒙古中部草原牧区木材资源相对匮乏,因此要避免过度使用木材。轻钢结构成了当地建筑主要的替代品,常用做牲畜棚圈的建筑形式,如图 7.4 所示。相对于其他结构形式,轻钢结构具有很多的优点:其一,轻钢结构的使用,减少了对木材的依赖,节省了森林资源;其二,轻钢结构自重轻、强度高,对生态环境破坏小,便于搭建;其三,建筑空间设置相对灵活,限制较少;其四,轻钢属于绿色环保的建材。实行轻钢结构的产业化,对于牧户的大规模生产,是可以发挥其优势的。

图 7.3　砖混结构

图 7.4　轻钢结构屋架

7.3.3 绿色营建技术研究

建筑材料与建筑结构都是从绿色建筑的“节材”方面进行考虑的。因而,探究生态移民定居点绿色建筑的材料与技术,还可以使用具有高强高性能的绿色建筑结构材料,比如,居住用房在使用混凝土时,掺入可以增强混凝土高强高性能的添加剂,更好地提高混凝土构件的承受抗压荷载,对于竖向承重构件,在相同的承载力下,当混凝土强度变高时,其界面就会变小,达到节材的效果;同时,也可使用绿色建筑结构体系,比如,新型砌体结构体系,居住用房可适当采用混凝土砌块,这种材料具有便于运输的优势,又可以就地取材,使得室内达到保温蓄热的效果,相对比较适宜牧户使用。

综上所述,绿色技艺主要把握建筑材料与结构两方面,建筑营建可运用热工性能与高强高性能的材料,以及建筑结构可采用轻钢结构以及新型砌体结构的运用,提高建筑的安全性与绿色生态性。

7.4 小结

本章基于生态移民定居点的建筑单体层面具有代表性的问题,从建筑形态、建筑建构和建筑技艺三方面,运用生态建筑理论、建筑物理及相关节能软件,对内蒙古中部草原牧区生态移民定居点建筑单体营建做法的绿色性、生态性与合理性进行逐步分析和探讨,并有针对性地提出设计方法与策略,为生态移民定居点的建筑单体提供依据。

第 8 章　典型定居点绿色生态技术设计实践

典型生态移民定居点的选择与依据：第一，所选取的忽吉图嘎查（俗称“大林场”）位于内蒙古中部草原牧区区域内阴山以北的内蒙古高原地区；第二，该嘎查距离百灵庙镇较为偏远，在牧户单元形式上保留着传统的“矩阵式”模式，在院落布局与建筑形态中蕴含着大量的营建措施与地域特征；第三，随着城镇化速度加快，牧民生活质量有所提高，生产方式也发生转型，该嘎查定居点新建民居普遍出现建筑选址不当、基础设施布置不合理、加建乱建现象严重、民族文化风貌缺失等多样问题。

综上所述，本书选取忽吉图嘎查作为内蒙古中部草原牧区生态移民定居点的典型代表进行深入调研与分析，运用上述得到绿色生态建筑技术的方法，进行实际的绿色建筑应用改造设计。

8.1　忽吉图嘎查基本概况

8.1.1　生态工程概况

忽吉图嘎查（大林场）始建于 2004 年，位于达茂旗百灵庙镇西 5 km 处。在当地政府带领下，原建有定居点草料基地 3200 亩，移动式喷灌 4 座；共有牧户单元 50 套，每套牧户单元占地面积约有 800 m^2，其中居住房面积仅有 56 m^2，棚圈 96 m^2，料房 16 m^2，青贮窖 1 处。调研发现：该定居点牧户单元有 56 套，在搬入的牧民中实际居住的牧户仅有 30 户，由于外出务工、搬迁或放牧等原因，使得定居点空院落较多，杂草丛生。

8.1.2　自然地理特征

忽吉图嘎查地处包头市达茂旗百灵庙镇，连接 104 省道，交通便捷。从 104 省道远望，三面环山，好似一个巨大的盆地，总面积约有 85 km^2，区位示意如图 8.1 所示。该定居点整体地形东北高西南低，中游的艾不盖河从靠近南部的山脚下经过，必经之地水草肥美，夏季气候宜人，具有发展旅游业的内在潜力；偶遇干旱气候，艾不盖河会出现干涸现象。自然气候属于半干旱大陆性气候，冬季漫长寒冷，夏季短促凉爽，春秋两季风沙较大，昼夜温差大，降雨量小，且蒸发量大，形成移动式喷灌牧业区，现灌溉面积约为 2.13 km^2（合计 3 200 亩）。

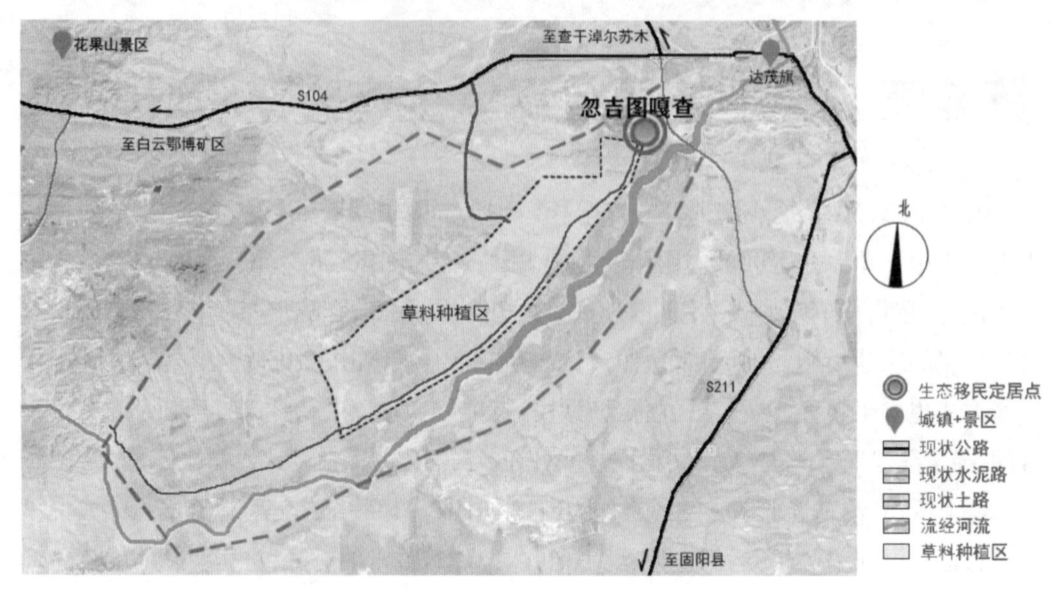

图 8.1 忽吉图嘎查区位示意图

8.1.3 社会发展特征

牧区经营管理体制的改革和发展,极大地促进畜牧养殖业生产技术的进步。忽吉图嘎查原依靠的主导产业以奶牛养殖为主,蛋鸡、獭兔等特色养殖为辅。定居点现有奶牛养殖户 10 户(其中养殖规模在 100 头以上的有两户),奶站有两处;蛋鸡养殖场 1 处,有 4 000 只鸡;獭兔养殖场 1 处,有 2 000 只獭兔。近年来,由于奶价不稳定,再加上养殖空间的限制,牧民远走异地选择另谋生计。自 2013 年政府振兴牧区生态移民定居点政策的实施,为该定居点完善了基础设施,修建人畜隔离墙,采取定居点居住房墙体保暖措施与美化工程;依托当地肉羊养殖合作社的建立,实施棚圈改造工程,将牛圈改建成羊圈;并且引进自来水,在村委会公共场所安装水冲式卫生间 1 处,以及每户安装太阳能热水器,从此拉开该定居点使用新型能源的序幕。

8.2 忽吉图嘎查布局环境与典型民居建筑现状调研

8.2.1 定居点布局环境

忽吉图嘎查依坡势而建,通过方格网络交通系统形成定居点内部次干道,与中间“十”字交通主干道一起将 56 户牧户单元集中设置,形成传统、规整的矩阵式布局。定居点主干道宽 7 m,次干道宽 5 m,每两个牧户单元院落形成一组,构成若干个小组团。东西主干道南侧设置有条状绿化，院落绿化做适当点缀。由于土壤沙化严重，绿植多以耐旱与耐寒植物为主，比如松树、旱柳，如图 8.2 所示。

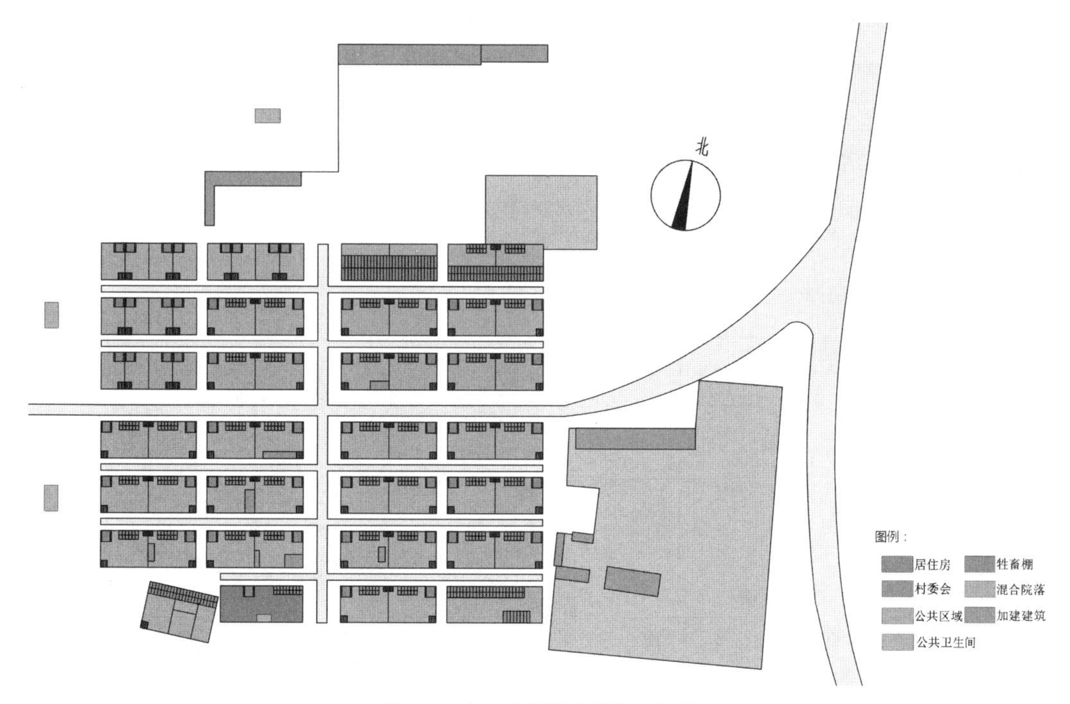

图 8.2　忽吉图嘎查定居点布局

整个定居点的基础设施包括主干道的路灯与垃圾箱、废弃的水塔和外围分散的公厕，仅此而已。公共设施比较缺乏，仅可以看到村委会和一间加建的牧户居住房，既是便民超市又是饭店；结合村委会院落设置有健身活动场地，可以看到一些简单的运动器材；结合东侧入口设置有休闲娱乐区域，布置了休息凉亭。从整体布局来看，公共设施都布局在定居点的东南侧，建设得相对简单。

8.2.2　原有牧户单元民居

蒙古族 56 岁老人巴音敖图居住的房屋为 2004 年的政府建房，位于忽吉图嘎查的最南一排，其与老伴独居在老房。家中有两个女儿，大女儿已经出嫁，小女儿在外打工，她们都居住在百灵庙镇。每逢假期，女儿们都会回来看望老人。由于居住房间有限，至使女儿也不能长待。老人家的院落主体由一间居住房、一间牲畜棚圈及一间草料房构成，布置于院落北侧；还有一间生活储物房，与居住房相对设置，紧挨牧户单元院落大门，形成分隔式布局。整体院落采用木栏板和铁栅栏进行分隔，以供 50 头肉羊使用，方便饲养与管理。

就单体建筑而言，所有建筑都是砖混结构，基础为条形石基础，建筑外墙多为多孔砖，而院墙采用实心砖砌筑而成。居住房屋顶采用平屋顶形式，进深方向凸出房檐，开间方向向上做成女儿墙，女儿墙往往会结合烟囱露出屋面；门窗皆换成现在常用的铝合金门窗，后期改造外贴泡沫保温层。居住房开间 8.3 m，进深 7 m，主要由起居室、卧室、储藏间与厨房组成，如图 8.3 所示。牲畜棚圈为半封闭式建筑空间形式，山墙支撑木檩形成北侧半边盖的坡屋顶，南向采用蓝色彩钢板遮盖，并留有采光洞口和喂料洞口，如图 8.4 所示。由于土地资源辽阔且当地人口压力小，院落布局空间较大，建筑南向洞口尺寸较大，既有利于生活空间最大程度获取日照，又有利于获得更大的生产空间。

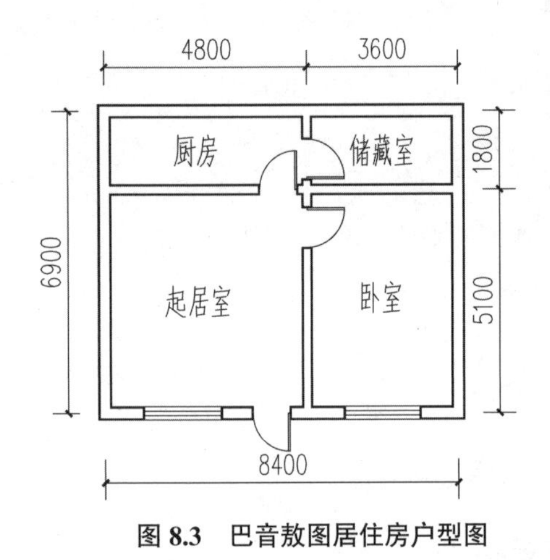

图 8.3　巴音敖图居住房户型图

图 8.4　巴音敖图居住房现状

8.2.3　新建牧户单元民居

蒙古族 67 岁哲盟大伯家位于忽吉图嘎查的北侧第二排西端，他同样也是只与老伴两人生活在一起。家里的一儿一女都已成家，女儿在市区工作，儿子在城镇上班。据了解，哲盟大伯原是通辽人，军人出身。2015 年随部队转场，来到这里落户，政府为其新建居住用房，并给予 20 亩草料地。居住院落约有 400 m²，是原有牧户单元院落的一半。院落仅供生活空间使用，可以种植一些蔬菜和树木。那时若扩大院落是需要购买土地的，老人为了儿女能够回来常住，在其隔壁购买了土地扩建了居住房。

单体的居住房建筑，无论从结构、材料与造型上，都与原有民居相似，只是在规模与内部空间上，有所区别。居住房开间 6.6 m，进深 7 m，主要由起居室、卧室和厨房组成，如图 8.5 所示。扩建居住房在开间方向加大 3.3 m，进深保持不变，仅作为卧室使用。由于哲盟大伯的老伴常年坐轮椅，其在户门入口处设置了残疾人坡道，方便老伴出入，哲盟大伯居住房现状如图 8.6 所示。

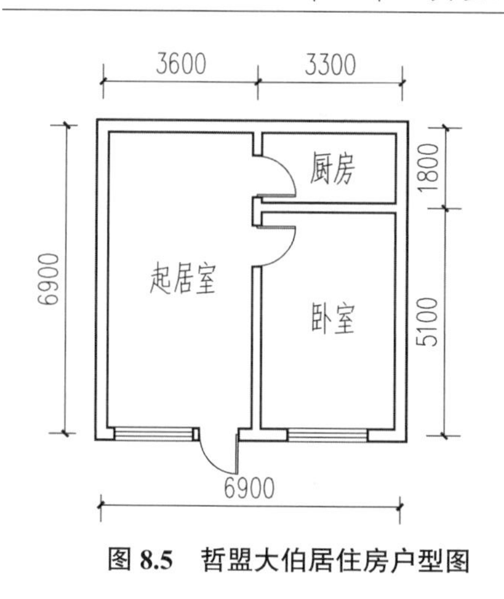

图 8.5　哲盟大伯居住房户型图

图 8.6　哲盟大伯居住房现状

8.3　忽吉图嘎查规划布局绿色生态技术应用方法

8.3.1　聚落选址优化

忽吉图嘎查地处巨大盆地的北部山坡边缘，受周边环山的影响，有效地阻隔西北季风，形成了相对适宜的微气候环境，南面又有艾不盖河经过，符合我国古代“坐北朝南”“背山面水”的选址理念，是中国传统建筑理念下的绿色建筑选址表现。聚落整体朝向为南偏东，与 Ecotect 软件的 Weather Tool 测出来的最佳朝向基本符合，可充分获得太阳辐射热。

从整体来看，牧民由原有的分散状态集中安置于此，盆地内部平原被利用为草料基地，有效解决了牧户生产及生活需求；定居点东侧，地处中段交通枢纽，为牧民出行提供便利。这样的定居点选址特征，充分利用了周边环境的有利条件与资源，对于当今新型农牧区建设具有重要的参考价值。

相对来讲，忽吉图嘎查的选址也存在着不足的地方，需要进一步的改进。忽吉图嘎查处在坡地上，降雨集中时雨水会袭击聚落，为了避免这种情况可以在定居点上端设置渠道，也可建设拦水墙，有组织地引水绕开聚落，同时可以灌溉草料基地，合理利用了雨水资源，达到节水的目的；另外，聚落的发展受交通与山地的影响，使得东侧与北侧受限，而对于西侧与南侧则留有发展空间，可以更好地延续规划建设，避免牧民的乱建现象，达到充分利用周边土地的目的，如图 8.7 所示。

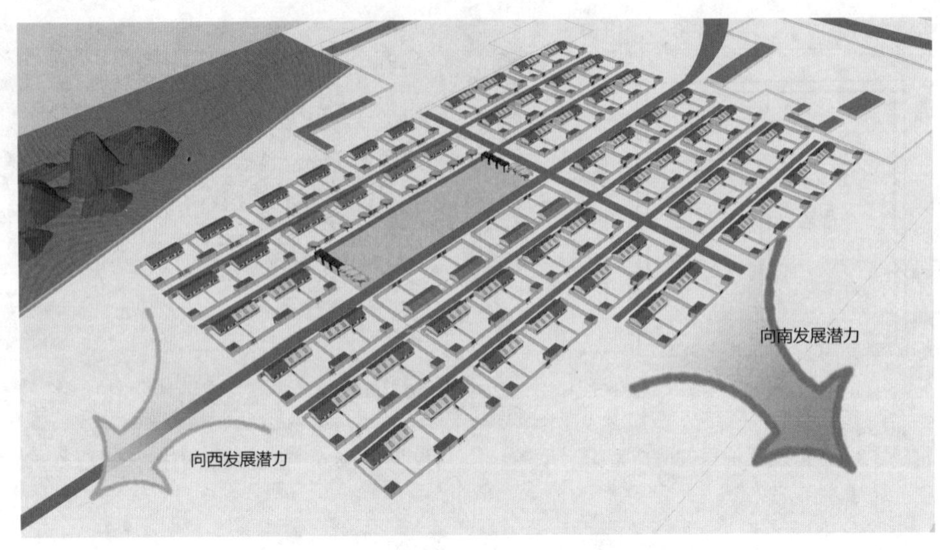

图 8.7 忽吉图嘎查发展趋向示意图(节地)

8.3.2 定居点合理布局

忽吉图嘎查采用规整的矩阵式布局,避免了以前牧户的分散状态,有效地扩大了产业的规模化经营,同时加快资源的整合利用,充分利用土地,提高定居点的宜居性。由于缺乏全局观念的规划设计,结合忽吉图嘎查的现状调研,需要提出进一步的改善设施,如图 8.8~ 图 8.12 所示。具体做法结合第六章定居点布局分析,提出相应的改善措施。

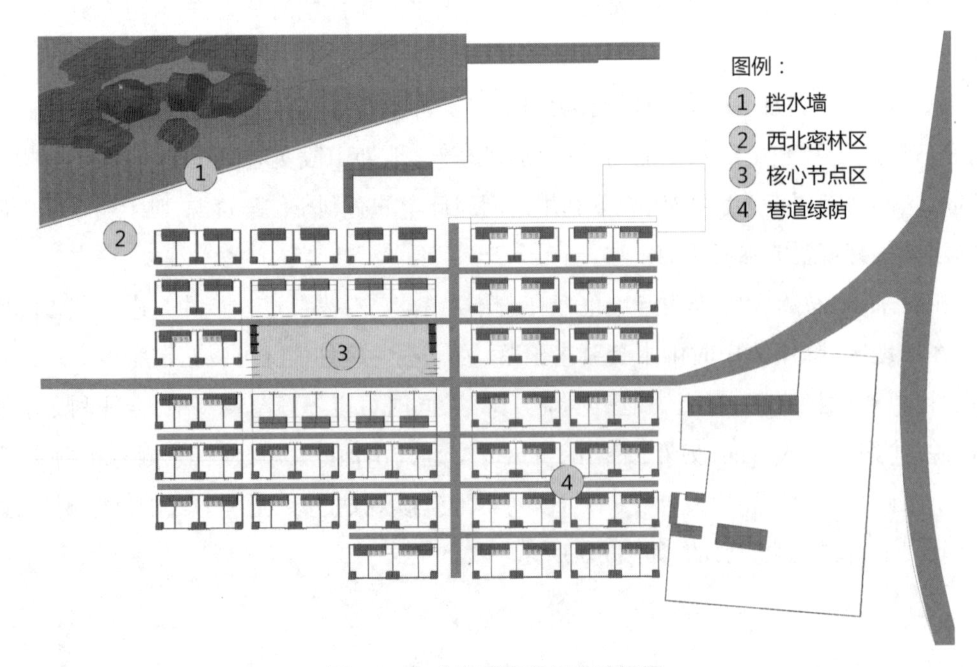

图 8.8 忽吉图嘎查总平面改进图

图 8.9　挡水墙节点图(节水)

图 8.10　西北密林节点图(节能)

图 8.11　核心区节点图(环境和谐统一)

图 8.12　绿荫灰空间节点图(热舒适环境)

(1)形成道路"绿荫灰空间",改善微气候

忽吉图嘎查绿化较少,主要集中在定居点的主要道路两侧,致使巷道空间会出现下沉气流,增加巷道风速,形成冬季冷风渗透,不利于定居点聚热。因此其可采用适应内蒙古气候的耐寒与耐旱植物,达到夏季乘凉且冬季防风的效果,充分发挥绿植景观美化定居点的优势。

(2)局部形成屏障,抵御寒风侵袭

忽吉图嘎查盛行西北冷风,常年造成牧户单元热量损失严重,降低牧户居住的舒适性。因而,可以考虑在定居点西北区域利用景观设计手法,进行乔木、灌木与草本植物,常绿树木与落叶树木等方法搭配设计形成挡风屏障;还可以将公共区域布置在定居点的北侧,形成定居点外缘的挡风屏障,保证定居点的热舒适性。

(3)调整公共配套设施位置,有选择性地增加

忽吉图嘎查公共设施缺乏,在征询牧户的意见后,重整公共配套设施,保证资源的合理利用。保存旧的村委会位置,因定居点具有南向延伸的潜力,可将使用频率较低,且必备的公共设施与其融合,如文化活动室、老年活动室等;在现阶段定居点的核心区,适当增加与牧民生活紧密联系的公共配套设施,比如适当增加卫生所、超市、兽医站等。

(4)明确道路形式,创造良好的卫生环境

定居点可采用人、车与牲畜分流的模式,人车通行主要在中心道路,牲畜通行在两端

道路，相互分开，互不干扰。这种布局方式既方便管理，又避免风环境下造成环境的污染，为牧户创造良好的交通与生活空间。

8.3.3 院落生态空间

对于忽吉图嘎查而言，牧户单元院落空间的绿色生态设计关键在于如何充分利用当地的可再生能源、避免寒风渗透以及整合院落空间等方面，更好地顺应生产生活发展，提高牧户生存环境质量。具体设计策略可参考以下几点。

（1）提高院落围合性，加强院落私密性能

忽吉图嘎查同其他生态移民定居点院落空间类似，形成了较大的敞开院落空间。为了保持院落内部的热舒适环境，避免形成涡流，可适当增加院落围墙高度和北侧建筑屏障，这样既保障了院落的私密性，避免他人直观院落动态，又能使牧户单元院落尽量避开风沙的侵袭，降低院落内部的热量损耗，如图 8.13 所示。

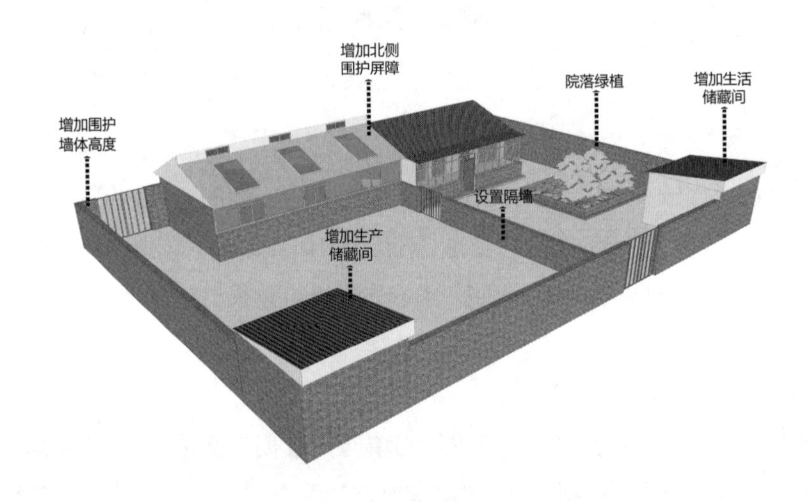

图 8.13 院落空间绿色生态技术优化示意图

（2）增加必备空间，符合生产发展需要

伴随生产转型的发展特点，需增设牧业物资储藏空间与牲畜暖棚，同时形成人畜排泄物与废弃秸秆等“多位一体”的生态沼气池，合理布局院落，避免离住房过近，且要与卫生间、棚圈连接一起，充分发挥生物质能优势，如图 8.14 所示。

（3）院落分开治理，独立分开设门

忽吉图嘎查院落规模较大，按生产生活方式进行合理空间划分，注重洁污与动静区分，方便管理的同时，也提高了院落的卫生条件。结合定居点的人、车与牲畜的分流模式，做到不同性质区域分开设门。

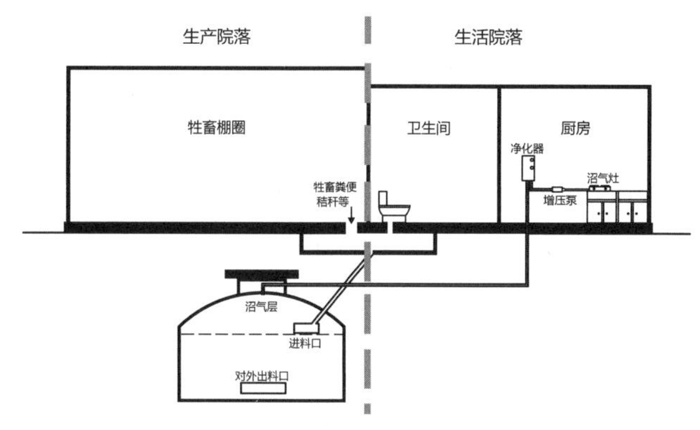

图 8.14　院落沼气池工作示意图

8.4　忽吉图嘎查建筑单体绿色生态技术应用方法

8.4.1　建筑空间形态

建筑形态的优化设计主要体现在以下几个方面：建筑平面、立面和建筑形体等方面。对于忽吉图嘎查来讲，主要建筑包括居住房与畜牧棚圈，个别牧户院落会看到蒙古包，常用作储物间、夏季凉房和旅游包房等。针对忽吉图嘎查的建筑形态现状，结合绿色生态技术措施，课题组提出相应的优化改进方法（图 8.15）。

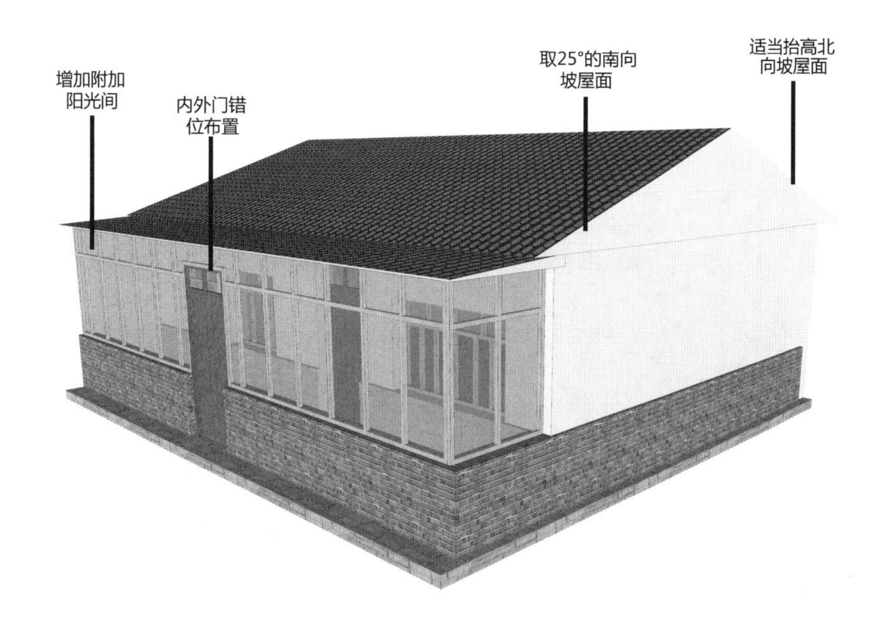

图 8.15　居住用房绿色生态技术优化示意图

（1）建筑形体的选择

忽吉图嘎查可见民居形式主要包括固定式居住房与移动式蒙古包。固定式居住房在方正的建筑形体基础上，尽量减少造型的凹凸变化，既利于功能、空间的优化，又利于建筑空间的蓄热保温；移动式蒙古包可采用底层架空的装配式结构，保持了蒙古包便于拆卸的优点，又发挥底层防潮，使用周期长的建构性能；建筑体块要保证联排的形体特征，避免之间的相互分离。

（2）平面空间优化

在方正的建筑形体内部北侧增加卫生间、储物间，并在居住房一侧设计车库，保证车库与居住房之间相互连通；保证每户居住房在南向设计阳光间，达到建筑空间保温蓄热的目的，阳光间可适当种绿植，调节室内微环境。

（3）立面设计表达

在三段式立面造型的基础上，进行蒙古族文化元素设计，采用具有特色的纹样符号；主体色彩多选用黄色等暖色系列格调，有助于外墙吸热，并向室内传递热量；注重图案的比例尺寸，多运用连续性、对称性等设计手法，把握“变化中求统一”的设计理念，创造良好的视觉效果。

8.4.2 建筑细部构造

忽吉图嘎查在建筑细部构造方面，与其他典型的生态移民定居点有着类似的现状问题。因而，针对其细部构造的主要问题，提出进一步的策略方法，更好地提高牧民的生活质量（图 8.16），具体设计策略可参考以下几点。

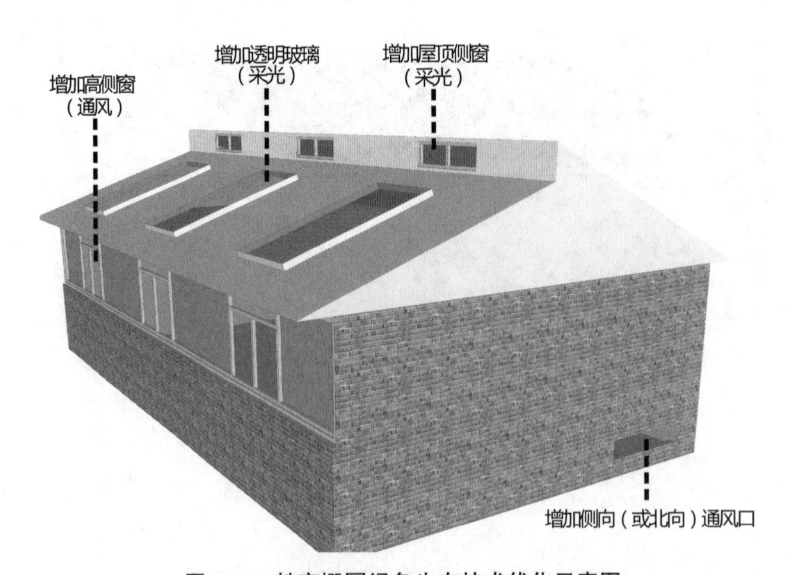

图 8.16 牲畜棚圈绿色生态技术优化示意图

（1）加强外墙的保温隔热性能

忽吉图嘎查需在外墙设置外保温材料。设置保温材料，需要把握经济、实用的要求，可考虑采用聚苯板、挤塑板或硬泡聚氨酯等保温材料。这些材料具有成本低、保温性能好、施工方便的优势，同时也可以增加外墙厚度，提高建筑内部空间的保温蓄热性能。

（2）选择合适的建筑屋顶形式

忽吉图嘎查多采用平屋顶的建筑形式。课题组实地调研发现居住用房经常会发生漏水现象，影响牧民生活。因而可以在平屋顶上加建大面积的彩钢瓦，既避免了室内空间的漏水现象，同时也形成气流缓冲区。除此之外，也可采用坡屋顶形式，适当抬高北向屋面的坡度，增加屋面吸收太阳光的面积。

（3）满足建筑建构方面的采光通风

居住房室内可做吊顶，必要时也要满足通风的卫生条件，南向开大窗，北向设置开间方向错位的高侧小窗，增加室内空间的通风区域，若进深方向为连通的双空间，则中间可做活动隔墙，或隔墙上开窗洞。畜牧棚圈的设计关键是注重采光通风，可采用双坡高度错位屋顶，错位处设置通风口，坡顶部位采用活动透明彩钢，便于室内空间的日照采光，为牲畜育肥创造良好的室内环境，以便提高畜牧业的经济效益。

8.4.3　建筑结构与材料

忽吉图嘎查在建筑结构与材料，以及能源利用方面，具体的策略方法可参考以下几点。

（1）建筑结构

忽吉图嘎查的建筑多以砖混结构为主，为了能够提高建筑稳固性与抗震性，居住房可在内部拐角等薄弱处，采用拉结筋、构造柱、圈梁等拉结构造方法，增大建筑各部位的牵制力；建筑现场施工应适当减少湿作业，提高干作业的比重，形成标准化施工，提高工作效率，节约人工成本就是间接地节约能源与资源。

（2）材料应用

砖混结构最突出的特点表现在建筑能够采用本土材料，比如石头、多孔砖等建材，充分降低建材的生产、运输成本，又能废材利用，体现生态环保理念，达到经济营建与节能环保双效益。定居点建筑材料的应用要以经济与环保为前提，就地取材的同时，结合现代建造工艺，弥补建材的缺失和不足。

（3）能源利用

针对忽吉图嘎查常用的能源利用方式进行策略改进，主要改善方法为使用刚起步的太阳能热水器、生态沼气池与风力发电设备。太阳能热水器：该设施的技术关键在于集热板与建筑屋顶形式的结合,应结合屋面的最佳坡度,根据太阳入射角调整太阳能热水器的角度,可采用斜向的排列布置方式,避免对其遮挡。生态沼气池:可结合牲畜圈、卫生间与庭院形成“多位一体”的组合方式,避免设计在生活区,因而可结合院落的边界进行设计。风力发电:牧区使用风力发电,可与太阳能光电进行配合设计,利用风电互补方式保证牧民的日常生活用能。

8.5 小结

本章内容主要是对内蒙古中部草原牧区生态移民定居点绿色生态技术的设计进行实践研究。通过对典型生态移民定居点——忽吉图嘎查的实际调研,基于忽吉图嘎查的区位概况与现状特点,从中分析规划布局与建筑单体层面的绿色营建智慧,并针对不符合绿色生态的方面,进行相应的策略设计与空间优化。目的是从实际出发,系统地为牧民解决生产生活环境与居住空间存在的问题,提出规划布局与建筑单体相适应的绿色营建技术。

第 9 章　结论与展望

9.1　主要结论

在实施生态移民工程近 20 年的历程中，内蒙古一直备受社会各界专家学者的关注，其中多数学者从社会学、经济学或者管理学角度出发，对内蒙古生态移民的政策实施效益、战略意义等方面进行了研究。在众多研究成果中，以建筑学为研究视角，采用自下而上与自上而下相结合的方式对移民定居点的规划建设进行预评价研究的较少。预评价体系表的建立参考了众多其他的评价体系表以及相关的政府文件，在大量实地调研的基础上，以科学性、地域性、可操作性、公众参与性、前瞻性为构建原则。其能够科学合理地显示生态移民定居点规划建设中存在的问题以及牧民对生态移民定居点建设的期望，能为生态移民定居点的建设提供可靠的参考依据，为内蒙古草原人居环境建设提供理论依据，丰富草原牧区人居环境研究体系。

内蒙古中部草原牧区生态移民定居点绿色营建方法与模式研究是一个持续的、动态的过程，需要不断地深入探讨。由于该地受到自然气候恶劣，地理环境复杂，少数民族聚居众多，文化类型丰富等因素影响，再加上客观条件限制、本人水平和研究时间有限，研究仅是从建筑学相关学科进行探讨，在宗教文化、民族特色等方面没能涉及，绿色营建技术还需要实践去证明其存在的合理性，只有这些方面得到进一步完善，才能不断更好地为牧民所适用。

（1）关于生态移民定居点规划建设预评价体系的两点结论

结论 1：本书采用网络调研与实地调研相结合的方式，利用层次分析法与熵值法共同作用，在多学科交叉的研究下建立了内蒙古草原牧区生态移民定居点的预评价体系。体系从经济、社会、文化、环境 4 个方面出发，结合多方的资料建立了包含 25 个指标项的预评价体系表，其中以绿色生态的人居环境、健康持续的牧区经济、源远流长的牧民文化；健全合理的社会体系为准则层。在绿色生态的人居环境准则层下设置了 9 个指标项，在健康持续的牧区经济下设置了 5 个指标项，在健全合理的社会体系下设置了 6 个指标项，在源远流长的牧民文化下设置了 5 个指标项。该预评价体系反映了牧民对生态移民定居点建设的真实期望，是一套值得信赖和可以借鉴参考的建设依据。

结论 2：通过对内蒙古中部草原牧区自然环境与社会环境的分析，探讨研究生态移民定居点地域性建筑特点。并深入该地区进行生态移民定居点的实地考察，掌握该地区当前定居点规划布局、建筑单体与资源利用的第一手资料,对存在的问题进行整理分析,从具体的聚落选址、定居点布局、院落空间、建筑形态、建筑构造、结构及材料等方面进行绿色生态技术分析。

(2)关于生态移民定居点绿色营建模式方面得出以下结论

结论1:规划布局层面的绿色生态技术方法。基于对生态移民定居点规划布局层面的现状分析,并从聚落选址、定居点布局和院落空间三方面,挖掘其中的绿色生态"基因",并针对不利现状问题,提出科学的绿色生态方法,如"确定聚落最佳朝向""充分利用周边资源""空场地种植绿化避免下沉气流""加高院落围合空间""院落人畜流线分离"等内容。

结论2:建筑单体层面的绿色生态技术方法。内蒙古中部草原牧区生态移民定居点居住用房与牲畜棚圈等建筑单体,从"原型"生成到演变都会存在适应气候的营建做法,通过运用相关学科知识与节能软件分析其中所存在的利弊,并针对不符合绿色生态的营建做法进行新的优化更新,探索各种符合牧户经济水平的低成本技术,使定居点民居具有可操作性,如"合适的建筑体型""保温较好的建材""合理的开窗尺寸""屋面彩钢的搭配设计"等内容。

结论3:适应生产生活转型的营建智慧。伴随城镇化速度加快,生产生活方式发生转型,定居点牧民急中生智,探寻符合生产生活的新技术与新方法。本书以忽吉图嘎查为例,探寻满足新技术、新方法的绿色营建智慧,适合继续发挥与传扬,如"北侧设置辅助空间""选用多孔砖""风电互补照明"等新型的技术方法。

结论4:绿色生态技术方法应用的必要性。针对生态移民定居点,其目的在于运用绿色生态技术,创造牧户居住环境的舒适性,而且内蒙古中部草原牧区地大物博,各个地区千差万别,但就生态移民定居点而言,存在着典型的共性特征和关系,这是需要研究生态移民定居点绿色生态技术方法的重要条件。

9.2 研究不足及展望

草原牧区定居点的建设应当涉及建筑、规划、社会、政治、管理等多方面的内容。本书采用了跨学科研究的方式,主要的研究背景是建筑学。由于个人的学科知识与能力有限,未能对与生态移民定居点建设有关的其他学科内容进行充分的研究,使得预评价体系的构建具有一定的学科倾向性。另外,由于预评价体系表自身的一些局限性,使得一些不能量化的指标项未能纳入预评价体系中。最后,预评价体系作为空间构想的反馈与指正,是对还未建成的空间构想进行分析和指导,由于本人的研究能力与可利用资源有限,未能通过实际的项目来对预评价体系的实用性进行验证,使得预评价体系的建立只停留在理论层面。

随着社会的快速发展,预评价体系的指标项与指标值都在不断地变换,希望有更多人能投入到生态移民定居点的研究中,从各个学科角度,采用不同的研究方法,将生态移民定居点的预评价体系构建完善,为牧民谋福祉。

参考文献

[1] 史俊宏. 草原牧区生态移民问题研究 [D]. 呼和浩特:内蒙古农业大学, 2006.
[2] 孟琳琳. 生态移民对牧民生产生活方式的影响研究:以敖力克嘎查为例 [D]. 北京:中央民族大学, 2004.
[3] 荣丽华. 内蒙古中部草原生态住区适宜规模及布局研究 [D]. 西安:西安建筑科技大学, 2004.
[4] 葛根高娃. 关于内蒙古牧区生态移民政策的探讨:以锡林郭勒盟苏尼特右旗生态移民为例 [J]. 学习与探索, 2006(3):61-64.
[5] 谢威. 内蒙古中部草原住区构成模式研究 [D]. 呼和浩特:内蒙古工业大学, 2006.
[6] 乌日套吐格. 内蒙古生态移民问题研究 [D]. 呼和浩特:内蒙古师范大学, 2010.
[7] 王玉冰. 内蒙古鄂托克前旗生态移民工程效益评价及满意度分析 [D]. 北京:北京林业大学, 2011.
[8] 王伟栋. 游牧到定牧:生态恢复视野下草原聚落重构研究 [D]. 天津:天津大学, 2017.
[9] 李海. 建筑设计中的生态化模式及策略 [D]. 西安:西安建筑科技大学, 2006.
[10] 王子艳. 草原生态环境恶化原因探究 [D]. 北京:中央民族大学, 2010.
[11] 雷继鹏. 内蒙古牧区生态移民问题研究 [D]. 呼和浩特:内蒙古大学, 2013.
[12] 吴俊瑶. 阿拉善生态移民后续产业发展对策研究 [D]. 北京:中央民族大学, 2013.
[13] 杨帆. 关于乌兰察布市下属三个旗向磴口县异地生态移民的研究 [D]. 呼和浩特:内蒙古农业大学, 2013.
[14] 梁慧. 内蒙古中部地区移民的贫困问题研究 [D]. 呼和浩特:内蒙古大学, 2016.
[15] 陶格斯. 生态移民的社会适应研究 [D]. 北京:中央民族大学, 2007.
[16] 陈利文. 呼和浩特市清水河县生态移民问题分析及对策研究 [J]. 内蒙古农业大学学报(社会科学版), 2012,14(3):100-102.
[17] 史俊宏. 少数民族牧区生态移民可持续发展战略研究 [J]. 生态经济, 2015, 31(10):83-89.
[18] 张峥嵘. 包头市昆区生态移民社会保障问题研究 [D]. 呼和浩特:内蒙古大学, 2017.
[19] 王素珍, 张力. 对县域边远地区实施生态移民搬迁工程的调查与思考:以包头市达茂旗为例 [J]. 科学与财富, 2015(11):716-717.
[20] 闫爽. 包头市达茂旗生态移民后民生改善状况研究 [D]. 呼和浩特:内蒙古师范大学, 2014.

[21] 马婷婷. 鄂尔多斯市生态移民生产生活状况变化分析研究 [D]. 呼和浩特：内蒙古农业大学，2013.

[22] 贾宇迪. 内蒙古生态移民政策对城乡人居环境影响分析：以苏尼特右旗为例. 2017 中国城市规划年会论文集 [C]. 北京：中国建筑工业出版社，2017.

[23] 梁思思. 建筑策划中的预评价与使用后评估的研究 [D]. 北京：清华大学，2006.

[24] 庄惟敏. 建筑策划是建筑师的责任 [N]. 建筑时报，2004-12-15(08).

[25] 阿明布和. 锡林郭勒盟生态移民的困境与对策思考 [D]. 武汉：湖北大学，2016.

[26] 郭欢欢. 内蒙古生态移民问题研究：以通辽市为例 [J]. 民族论坛，2016(9)：87-92.

[27] 李政海，鲍雅静，张靖，等. 内蒙古草原退化状况及驱动因素对比分析：以锡林郭勒草原与呼伦贝尔草原为研究区域 [J]. 大连民族学院学报，2015(1)：1-5.

[28] 李生. 内蒙古生态脆弱区生态移民的经验、问题与对策：以兴安盟科右前旗生态脆弱区移民搬迁为例 [J]. 中南民族大学学报（人文社会科学版），2015(6)：26-30.

[29] 张星远. 阿拉善右旗生态移民后的变迁与调适研究 [D]. 兰州：兰州大学，2015.

[30] 李媛媛. 新阶段内蒙古生态脆弱地区扶贫移民研究 [D]. 呼和浩特：内蒙古农业大学，2014.

[31] KAI W，MENGHAN W，CHANG G，et al. Residents′ diachronic perception of the impacts of ecological resettlement in a world heritage site[J]. International journal of environmental research and public health，2019，16(19)：3556.

[32] GONGBUZEREN L Y L W. China's rangeland management policy debates：What have we learned[J]. Rangeland ecology & management，2015，68(4)：305-314.

[33] FAN M，Li Y，Li W. Solving one problem by creating a bigger one：The consequences of ecological resettlement for grassland restoration and poverty alleviation in Northwestern China[J]. Land use policy，2015，42：124-130.

[34] MIAO R，JIANG D，MUSA A，et al. Effectiveness of shrub planting and grazing exclusion on degraded sandy grassland restoration in Horqin sandy land in Inner Mongolia[J]. Ecological engineering，2015，74：164-173.

[35] 包智明，孟琳琳. 生态移民对牧民生产生活方式的影响：以内蒙古正蓝旗敖力克嘎查为例 [J]. 西北民族研究，2005(2)：147-164.

[36] 包智明. 关于生态移民的定义、分类及若干问题 [J]. 中央民族大学学报，2006(1)：27-31.

[37] 马斌. 内蒙古阿拉善盟生态移民工程效益评价研究 [D]. 北京：中央民族大学，2013.

[38] 史俊宏，赵立娟. 草原牧区生态移民生产生活可持续发展问题研究：以内蒙古乌拉特中旗收缩转移战略为例 [J]. 经济论坛，2009(21)：69-71.

[39] 焦克源，王瑞娟，苏利那. 民族地区的生态移民效应分析：以内蒙古阿拉善移民为例 [J]. 西北人口，2008（5）：64-68.

[40] 张瑞霞. 基于可持续生计视角下生态移民的效益评价 [D]. 呼和浩特：内蒙古农业大学，2017.

[41] 张瑞霞，姜冬梅. 内蒙古锡林浩特市生态移民经济效益评价研究 [J]. 畜牧与饲料科学，2017,38（5）：47-51.

[42] 梅花. 生态移民战略研究：以宁夏为例 [J]. 农业经济问题，2006（12）：64-67.

[43] 丁生忠. 宁夏生态移民研究 [D]. 兰州：兰州大学，2015.

[44] 赵强，宋昆，叶青. 国内外生态城市指标体系对比研究 [J]. 建筑学报，2012（S2）：9-15.

[45] 叶青，赵强，宋昆. 中外绿色社区评价体系比较研究 [J]. 城市问题，2014（4）：74-81.

[46] 赵强. 城市健康生态社区评价体系整合研究 [D]. 天津：天津大学，2012.

[47] 庄惟敏. "前策划—后评估"：建筑流程闭环的反馈机制 [J]. 住区，2017（5）：125-129.

[48] 阁超成. 海绵城市评价体系构建及应用 [D]. 南京：东南大学，2017.

[49] 张颂. 长株潭地区生态乡村规划建设模式研究 [D]. 株洲：湖南工业大学，2017.

[50] 唐昊. 哈尼梯田遗产区村寨评价指标及规划研究 [D]. 昆明：昆明理工大学，2017.

[51] 刘继志. 基于 AHP 层次分析法的天津市美丽乡村评价指标研究 [J]. 南方农业，2018（17）：100-102.

[52] 吕庆峰. 基于熵值法和网络层次分析法的网络选择算法研究 [D]. 呼和浩特：内蒙古大学，2013.

[53] 陈海峰. 基于 AHP- 熵值法的税源风险评估研究 [D]. 厦门：厦门大学，2014.

[54] 吕立群. 基于 AHP- 熵值法的辽宁沿海港口物流能力综合评价研究 [D]. 大连：大连交通大学，2016.

[55] CHENG C，ZHAO L，LI X，et al. Exploration and practice on index system of sustainable development：A case study of Shennongjia，Hubei province[J]. Journal of landscape research，2017，9（3）：3-8.

[56] WANG Z. Construction of evaluation index system of tourism carrying capacity of the Jokhang Temple scenic spot[J]. Journal of landscape research，2018,10（1）：90-96.

[57] 开彦，朱彩清. "开放住区"是绿色住区的核心：绿色住区标准主旨解读 [J]. 城市住宅，2016，23（6）：6-12.

[58] 王玉. 国内外绿色建筑评价体系对比研究 [D]. 长春：吉林建筑大学，2015.

[59] MAO D，ZHOU K，ZHENG S J，et al. Research on evaluation system of green build-

ing in China[C]//Advanced materials research. Trans Tech Publications Ltd, 2011, 224: 159-163.

[60] 杨敏行，白钰，曾辉. 中国生态住区评价体系优化策略：基于 LEED-ND 体系、BREEAM-Communities 体系的对比研究 [J]. 城市发展研究，2011，18（12）：27-31.

[61] 李巍，叶青，赵强. 英国 BREEAM Communities 可持续社区评价体系研究 [J]. 动感（生态城市与绿色建筑），2014（1）：90-96.

[62] 张烨. 中美绿色住区标准比较研究 [D]. 武汉：华中科技大学，2016.

[63] 黄献明. 精明增长 + 绿色建筑：LEED-ND 绿色住区评价系统简介 [J]. 现代物业（上旬刊），2011，10（7）：10-11.

[64] 人居环境居委会. 第十届中国人居环境高峰论坛圆满举行：中标协、中房协联合发布《绿色住区标准》[J]. 工程建设标准化，2019（2）：86-87.

[65] 章国美，时昌法. 国内外典型绿色建筑评价体系对比研究 [J]. 建筑经济，2016，37（8）：76-80.

[66] 姚茂华. 生态乡村建设研究 [D]. 武汉：华中师范大学，2013.

[67] 陈钦华. 湘西山区生态农村建设研究 [D]. 长沙：湖南农业大学，2009.

[68] 张英华. 桂林市临桂区政府推进生态乡村建设研究 [D]. 桂林：广西师范大学，2017.

[69] 黄凯旋. 我国生态乡村建设研究 [D]. 南宁：广西大学，2017.

[70] 董进明. "四位一体" 日光温室：发展生态农业的优秀模式 [J]. 农业科技与信息，2001（4）：33.

[71] 韩秀景. 中国生态乡村建设的认知误区与厘清 [J]. 自然辩证法研究，2016，32（12）：106-111.

[72] 张梦洁. 美丽乡村建设中的文化保护与传承问题研究 [D]. 福州：福建农林大学，2016.

[73] 任雪萍. 推进"三个发展"建设美丽中国 [J]. 学习月刊，2013（1）：7-8.

[74] 郭霄哲. 农村生态环境与社会主义新农村建设探讨 [J]. 农民致富之友，2015（22）：9.

[75] 苗静，盖志毅. 对内蒙古 33 个典型牧业旗（市）产业结构演进的思考 [J]. 内蒙古社会科学（汉文版），2018（3）：182-188.

[76] 王丹阳. 锡林郭勒盟草原生态保护补助奖励政策效益评价 [D]. 呼和浩特：内蒙古农业大学，2018.

[77] 张敏. 草原牧区生态移民生计资本对其生计策略的影响：以锡林郭勒盟正蓝旗为例 [J]. 内蒙古工业大学学报（自然科学版），2018（2）：149-155.

[78] 才多吉. 生态移民与牧民文化变迁研究 [D]. 北京：中央民族大学，2013.

[79] 阿明布和. 锡林郭勒盟生态移民的困境与对策思考 [D]. 武汉:湖北大学, 2016.
[80] 张天橼, 王月, 张坦, 等. 美丽乡村评价体系建构研究:以张家口市为例 [J]. 住宅与房地产, 2018(19):66-69.
[81] TUOMAS T, MATTILA T M, SAVOLAINEN O. Local adaptation and ecological differentiation under selection, migration, and drift in Arabidopsis lyrata[J]. Evolution, 2018.
[82] LI C. Construction of trail tourist attractions assessment index system[J]. Journal of landscape research, 2017,9(1):61-64.
[83] XIE M, WANG J, YANG A, et al. DPSIR model-based evaluation index system for geographic national conditions[J]. Wuhan university journal of natural sciences, 2017, 22(5):402-410.
[84] 范理扬. 基于长三角地区的低碳乡村空间设计策略与评价方法研究 [D]. 杭州:浙江大学, 2017.
[85] 李凌颖, 夏远君. 住宅规划节能技术在绿色房产中的应用分析 [J]. 中国市场, 2011 (2):43-44.
[86] 刘抚英. 绿色建筑设计策略 [M]. 北京:中国建筑工业出版社, 2012.
[87] 郝际平,钟炜辉. 绿色节能农村住宅体系的关键技术 [M]. 北京:中国建筑工业出版社, 2014.
[88] 冉茂宇,刘煜. 生态建筑 [M]. 武汉:华中科技大学出版社, 2008.
[89] 柳孝图. 建筑物理 [M]. 北京:中国建筑工业出版社, 2010.
[90] 陈宏,张杰,管毓刚. 建筑节能 [M]. 北京:知识产权出版社, 2019.
[91] 赵强. 城市健康生态社区评价体系整合研究 [D]. 天津:天津大学, 2012.
[92] 李多慧. 从游牧到定居生活方式的转型研究 [D]. 合肥:合肥工业大学,2015.
[93] 刘铮. 蒙古族民居及其环境特性研究 [D]. 西安:西安建筑科技大学, 2001.
[94] 缪百安. 四子王旗草原民居生态设计初探 [D]. 呼和浩特:内蒙古工业大学, 2005.
[95] 钱雅坤. 河西走廊地区绿洲农业聚落营建经验调查与研究 [D]. 西安:西安建筑科技大学, 2016.
[96] 马明. 新时期内蒙古草原牧民居住空间环境建设模式研究 [D]. 西安:西安建筑科技大学, 2013.
[97] 梁丽飞. 冀南地区传统村落建筑保护与绿色建筑更新设计研究 [D]. 邯郸:河北工程大学, 2019.
[98] 范静怡. 寒冷地区美丽乡村住宅中绿色建筑技术的应用研究 [D]. 张家口:河北建筑工程学院, 2018: 77.

[99] 王珍. 生态学视角下的农村社区营造研究 [D]. 福州:福建农林大学, 2017.

[100] 段丽彬. 川西高原藏羌碉房绿色营建的模式语言研究 [D]. 西安:西南科技大学, 2019.

[101] 刘京华. 陇东地区生态农宅适宜营建策略及设计模式研究 [D]. 西安:西安建筑科技大学, 2013.

[102] 吕游. 乡村住宅适宜生态技术应用研究 [D]. 长沙:湖南大学, 2008.

[103] 张俭. 传统民居屋面坡度与气候关系研究 [D]. 西安:西安建筑科技大学, 2006.

[104] 杨梦娇. 关中传统民居绿色经验科学化模式与现代设计应用评析 [D]. 长沙:西安建筑科技大学, 2018.

[105] 李付强. 宁夏生态移民中适宜绿色技术应用研究 [D]. 济南:山东建筑大学, 2013.

[106] 杨志浩. 绿色生态建筑设计策略研究 [D]. 株洲:湖南工业大学, 2017.

[107] 雷琳. 关中渭北地区乡村民居绿色建筑设计研究 [D]. 西安:西安建筑科技大学, 2016.

[108] 薛梅. 严寒地区农村住宅建筑生态更新 [D]. 呼和浩特:内蒙古工业大学, 2011.

[109] 宋利伟. 生态环境恢复下草原新村营建模式初探 [D]. 西安:西安建筑科技大学, 2011.

[110] 郑昊. 我国西部地区生态移民小城镇化问题研究 [D]. 成都:西南财经大学, 2014.

[111] 李海. 建筑设计中的生态化模式及策略 [D]. 呼和浩特:西安建筑科技大学, 2006.

[112] 李生. 内蒙古生态脆弱区生态移民的经验、问题与对策:以兴安盟科右前旗生态脆弱区移民搬迁为例 [J]. 中南民族大学学报(人文社会科学版), 2015(6): 26-30.

[113] 梁浩, 龙惟定, 苑翔, 等. 解读 LEED-ND 中关于社区开发能源规划的要求 [J]. 建筑科学, 2009,25(6): 10-12.

[114] 赵强, 宋昆, 叶青. 国内外生态城市指标体系对比研究 [J]. 建筑学报, 2012(S2): 9-15.

[115] 张立中,潘建伟,孙国权. 草原生态环境保护与牧民生存方式的转变:苏尼特右旗实施"围封转移"战略调查研究 [J]. 内蒙古农业大学学报(社会科学版), 2002(3):1-3.

[116] 潘少峰,刘铮. 内蒙古草原生态住宅设计与节能技术[C]// 中国民族建筑研究会民民建的产业委员会. 第十五届中国民居学术会议论文集, 2007.

[117] WANG J, WANG C, HE H. Initial exploration on the ecological compensation mechanism of Baiyangdian watershed[J]. Meteorological and environmental research, 2012,3(10):5-10.

附录 A:调查问卷

提高牧民福祉视角下内蒙古中部草原牧区移民定居点规划建设预评价体系研究问卷

课题来源:国家自然基金项目(编号:51868060)

您好:

本人是内蒙古科技大学建筑学院“内蒙古农村牧区生态适宜研究课题组”成员。来这里做“牧民生态移民定居点”的调查,目的是为了了解现在移民定居点的建设情况,为以后定居点的整改与重建提供参考依据。占用您几分钟宝贵的时间。该问卷中所有内容作为项目研究的主要参考依据,不作他用。谢谢您的参与!**(注意对不能满足人们日常需求的项目进行详细记录,如:现况的面积与距离,牧民觉得合适的面积以及距离等)**

原所在地名称:　　　　　　**现所在地名称:**

原主要生产方式:　　　　　**现主要生产方式:**

1. 您的年龄是多少岁?

A.13~18　　　　　B.19~30

C.31~50　　　　　D.51 以上

2. 家里现在有几口人?

A.2 人及以下　　　　　B.3 人

C.4 人　　　　　D.5 人及以上

3. 家里是否通长电 / 广播电视 / 通信?

A. 是　　　　　B. 否

4. 家里到最近的便民超市距离是多少?

A.300 m 以内　　　　　B.301~500 m

C. 501~1 000 m　　　　　D.1 000 m 以上

5. 家里现在的居住空间是否够用?若不够用觉得应该再加多少?(记录大致面积)

A. 是　　　　　B. 否

6. 家里现在的生产空间是否够用?若不够用觉得应该再加多少?(记录大致面积)

A. 是　　　　　B. 否

7. 家里饮用水是否经过安全处理?

A. 是　　B. 否

8. 家里是否使用清洁能源(风能、太阳能、生物能、地热能等)?

A. 是　　B. 否

9. 家里是否使用卫生厕所(区别于旱厕,且干净卫生易打扫)?

A. 是　　B. 否

10. 是否接受过有关环境与健康意识的宣传教育?

A. 是　　B. 否

11. 小孩上学的路程(小学)有多远?是否觉得远?

A.5 km 以内　　B.5~10 km　　C.10~20 km　　D.20 km 以上

E. 觉得太远,难以接受　　F. 觉得不远可以接受

12. 距离最近的公共厕所有多远?

A.150 m 以内　　B.151~300 m　　C.301~450 m　　D.451 m 以上

13. 距离最近的生活垃圾收集点有多远?是否觉得远?

A.30 m 以内　　B.31~70 m　　C.71~100 m　　D.101 m 以上

E. 觉得太远,难以接受　　F. 觉得不远可以接受

14. 嘎查现有图书室的大小是否能满足日常所需?是否觉得远(记录大致面积与距离)?

A. 是　　B. 否

C. 觉得太远,难以接受　　D. 觉得不远可以接受

15. 嘎查流动卫生服务车数量是否能满足日常所需?

A. 是　　B. 否

16. 嘎查兽医站大小能是否能足日常生产需求?是否觉得远(记录大致面积与距离)?

A. 是　　B. 否

C. 觉得太远,难以接受　　D. 觉得不远可以接受

17. 嘎查养老服务站大小是否能满足老人日常生活需求?是否觉得远(记录大致面积与距离)?

A. 是　　B. 否

C. 觉得太远,难以接受　　D. 觉得不远可以接受

18. 嘎查老年活动室大小是否能满足日常生活需求?是否觉得远(记录大致面积与距离)?

A. 是　　B. 否

C. 觉得太远,难以接受　　D. 觉得不远可以接受

19. 嘎查计生站大小是否能满足日常需求?是否觉得远(记录大致面积与距离)?

A. 是　　B. 否

C. 觉得太远，难以接受　　D. 觉得不远可以接受

20. 嘎查卫生所大小是否能满足日常所需？是否觉得远（记录大致面积与距离）？

A. 是　　B. 否

C. 觉得太远，难以接受　　D. 觉得不远可以接受

21. 嘎查体育活动室大小是否能满足日常需求？是否觉得远（记录大致面积与距离）？

A. 是　　B. 否

C. 觉得太远，难以接受　　D. 觉得不远可以接受

22. 嘎查健身场地大小（广场）是否能满足日常生活所需？是否觉得远（记录大致面积与距离）？

A. 是　　B. 否

C. 觉得太远，难以接受　　D. 觉得不远可以接受

23. 曾经是否为定居点建设提过意见？

A. 是　　B. 否

24. 对牧民定居点建设有何意见？（增设、扩大……）

附录 B：定居点后评价调研表

提高牧民福祉视角下内蒙古中部草原牧区移民定居点规划建设预评价体系研究访谈调查表

课题来源：国家自然基金项目（编号：51868060）

您好：

本人是内蒙古科技大学建筑学院“内蒙古农村牧区生态适宜研究课题组”成员。来这里做“牧民生态移民定居点”的调查，目的是为了了解现在移民定居点的建设情况，为以后定居点的整改与重建提供参考依据。占用您几分钟宝贵的时间。表中所有内容作为项目研究的主要参考依据，不作他用。谢谢您的参与！（**注意对不能满足人们日常需求的项目进行详细记录**）

嘎查名称： **所在地：**

原主要生产方式： **现主要生产方式：**

常住人口数： **规模大小（km²）：**

目标层	准则层	子准则层	单位	数值	备注
提高牧民福祉视角下内蒙古中部草原牧区移民定居点规划建设预评价体系研究	环境	人车专用道路硬化率(%)			
		污水无害化处理覆盖率(%)			
		通电覆盖率(%)			
		通话覆盖率(%)			
		通广播电视覆盖率(%)			
		健身场地(广场)面积	㎡		
	建筑	公共厕所服务半径	m		
		清洁能源普及率			
		卫生厕所普及率			
		体育活动室面积	㎡		
		幼儿园面积	㎡		
		小学服务半径	m		
		文化活动室面积	㎡		
		图书室面积	㎡		
	社会	卫生所面积	㎡		
		垃圾收集点服务半径	m		
		老年活动室面积	㎡		
		兽医站面积	㎡		
		养老服务站	㎡/床		
		生活垃圾无害化处理率			
		计生站面积	㎡		

附录 C:预评价体系表指标选取依据

目标层	准则层	指标层	编号	标准值	单位	指标依据
提高牧民福祉视角下内蒙古中部草原牧区移民定居点规划建设预评价体系研究	环境 B_1	选址距离城镇中心距离	C_1	≤ 8	km	“十五分钟骑行圈”概念
		人车专用道路硬化率	C_2	100%		《美丽乡村建设指南》(GB/T 32000—2015)
		生活污水处理率	C_3	≥ 70%		《美丽乡村建设指南》(GB/T 32000—2015)
		生活用水卫生合格率	C_4	≥ 95%		《国家级生态村创建标准》(环发〔2006〕192 号)
		硬质健身场地面积	C_5	500~100	m^2	《内蒙古自治区新农村新牧区规划编制导则》
		生活院落面积	C_6	90~160	m^2	《内蒙古自治区新农村新牧区规划编制导则》
		生活用房面积	C_7	60~90	m^2	调研数据整理所得
		户用卫生厕所普及率	C_8	≥ 80%		《国家级生态村创建标准》(环发〔2006〕192 号)
		垃圾收集点服务半径	C_9	≤ 70	m	《内蒙古自治区新农村新牧区规划编制导则》
	经济 B_2	草料种植面积	C_{10}	30~45	亩	调研数据整理所得
		生产空间面积	C_{11}	500~700	m^2	调研数据整理所得
		绿色建筑比例	C_{12}	≥ 75%		《国家级生态村创建标准》(环发〔2006〕192 号)
		清洁能源普及率	C_{13}	≥ 70%		《国家级生态村创建标准》(环发〔2006〕192 号)
		便民超市面积	C_{14}	60~180	m^2	调研数据整理所得
	文化 B_3	生态环境与健康意识宣传率	C_{15}	≥ 95%		《国家生态文明建设试点示范区指标(试行)》(环发〔2013〕58 号)
		体育活动室面积	C_{16}	150~200	m^2	《内蒙古自治区新农村新牧区规划编制导则》
		双语幼儿园面积	C_{17}	250~450	m^2	《内蒙古自治区新农村新牧区规划编制导则》
		公众参与度	C_{18}	≥ 90%		《国家级生态村创建标准》(环发〔2006〕192 号)
		文化活动室面积	C_{19}	100~150	m^2	《内蒙古自治区新农村新牧区规划编制导则》

续表

目标层	准则层	指标层	编号	标准值	单位	指标依据
提高牧民福祉视角下内蒙古中部草原牧区移民定居点规划建设预评价体系研究	社会 B_4	卫生所面积	C_{20}	70~100	m^2	《内蒙古自治区国民经济和社会发展第十三个五年规划纲要》
		兽医站工作人员数量	C_{21}	2~3	人	调研数据整理所得
		通电覆盖率	C_{22}	100%		内蒙古自治区十个全覆盖工程
		通话覆盖率	C_{23}	100%		内蒙古自治区十个全覆盖工程
		公共厕所服务半径	C_{24}	≤ 300	m	《内蒙古自治区新农村新牧区规划编制导则》
		通广播电视覆盖率	C_{25}	100%		内蒙古自治区十个全覆盖工程

附录 D:专家打分结果统计表

提高牧民福祉视角下内蒙古中部草原牧区移民定居点规划建设预评价体系研究判断矩阵打分表

第 1 题　您目前从事的职业是什么?

选项	小计	比例
技术/研发人员	0	0%
其他	1	5.56%
专业人士(如会计师、律师、建筑师、医护人员、记者等)	8	44.44%
教师	9	50%
本题有效填写人次	18	

第 2 题　您目前从事的行业是什么?

选项	小计	比例
教育/培训/科研/院校	8	44.44%
房地产开发/建筑工程/装潢/设计	8	44.44%
其他行业（政府工作等）	2	11.12%
本题有效填写人次	18	

第 3 题　绿色生态人居环境相对健康持续经济发展重要度。

选项	小计	比例
1	14	77.78%
3	0	0%
5	0	0%
7	0	0%
9	4	22.22%
1/3	0	0%
1/5	0	0%
1/7	0	0%
1/9	0	0%
本题有效填写人次	18	

第4题 绿色生态人居环境相对牧民文化传承发展重要度。

选项	小计	比例
1	2	11.11%
3	12	66.67%
5	0	0%
7	0	0%
9	4	22.22%
1/3	0	0%
1/5	0	0%
1/7	0	0%
1/9	0	0%
本题有效填写人次	18	

第5题 绿色生态人居环境相对健康完善社会体系重要度。

选项	小计	比例
1	2	11.11%
3	10	55.56%
5	2	11.11%
7	2	11.11%
9	2	11.11%
1/3	0	0%
1/5	0	0%
1/7	0	0%
1/9	0	0%
本题有效填写人次	18	

第 6 题　健康持续经济发展相对健康完善社会体系重要度。

选项	小计	比例
1	2	11.11%
3	11	61.11%
5	1	5.56%
7	1	5.56%
9	2	11.11%
1/3	1	5.56%
1/5	0	0%
1/7	0	0%
1/9	0	0%
本题有效填写人次	18	

第 7 题　健康持续经济发展相对牧民文化传承发展重要度。

选项	小计	比例
1	1	5.56%
3	13	72.22%
5	0	0%
7	1	5.56%
9	2	11.11%
1/3	1	5.56%
1/5	0	0%
1/7	0	0%
1/9	0	0%
本题有效填写人次	18	

第8题　牧民文化传承发展相对健康持续经济发展重要度。

选项	小计	比例
1	1	5.56%
3	2	11.11%
5	1	5.56%
7	1	5.56%
9	2	11.11%
1/3	11	61.11%
1/5	0	0%
1/7	0	0%
1/9	0	0%
本题有效填写人次	18	

第9题　选址距离城镇中心距离相对人车专用道路硬化率重要度。

选项	小计	比例
1	2	11.11%
3	0	0%
5	2	11.11%
7	1	5.56%
9	1	5.56%
1/3	12	66.67%
1/5	0	0%
1/7	0	0%
1/9	0	0%
本题有效填写人次	18	

第 10 题　选址距离城镇中心距离相对生活污水处理率重要度。

选项	小计	比例
1	0	0%
3	3	16.67%
5	0	0%
7	0	0%
9	4	22.22%
1/3	11	61.11%
1/5	0	0%
1/7	0	0%
1/9	0	0%
本题有效填写人次	18	

第 11 题　选址距离城镇中心距离相对生活用水卫生合格率重要度。

选项	小计	比例
1	0	0%
3	1	5.56%
5	0	0%
7	0	0%
9	5	27.78%
1/3	2	11.11%
1/5	0	0%
1/7	1	5.56%
1/9	9	50%
本题有效填写人次	18	

第 12 题　选址距离城镇中心距离相对硬质健身场地面积重要度。

选项	小计	比例
1	0	0%
3	1	5.56%
5	1	5.56%
7	2	11.11%
9	1	5.56%
1/3	11	61.11%
1/5	1	5.56%
1/7	0	0%
1/9	1	5.56%
本题有效填写人次	18	

第 13 题　选址距离城镇中心距离相对生活院落面积重要度。

选项	小计	比例
1	0	0%
3	0	0%
5	2	11.11%
7	0	0%
9	4	22.22%
1/3	1	5.56%
1/5	11	61.11%
1/7	0	0%
1/9	0	0%
本题有效填写人次	18	

第 14 题　选址距离城镇中心距离相对生活住房面积重要度。

选项	小计	比例
1	0	0%
3	0	0%
5	0	0%
7	4	22.22%
9	2	11.11%
1/3	0	0%
1/5	2	11.11%
1/7	10	55.56%
1/9	0	0%
本题有效填写人次	18	

第 15 题　选址距离城镇中心距离相对户用卫生厕所普及率重要度。

选项	小计	比例
1	0	0%
3	3	16.67%
5	0	0%
7	1	5.56%
9	2	11.11%
1/3	11	61.11%
1/5	0	0%
1/7	1	5.56%
1/9	0	0%
本题有效填写人次	18	

第 16 题　选址距离城镇中心距离相对垃圾收集点服务半径重要度。

选项	小计	比例
1	13	72.22%
3	0	0%
5	1	5.56%
7	0	0%
9	2	11.11%
1/3	1	5.56%
1/5	0	0%
1/7	0	0%
1/9	1	5.56%
本题有效填写人次	18	

第 17 题　人车专用道路硬化率相对生活污水处理率重要度。

选项	小计	比例
1	13	72.22%
3	1	5.56%
5	1	5.56%
7	0	0%
9	2	11.11%
1/3	1	5.56%
1/5	0	0%
1/7	0	0%
1/9	0	0%
本题有效填写人次	18	

第 18 题　人车专用道路硬化率相对生活用水卫生合格率重要度。

选项	小计	比例
1	13	72.22%
3	2	11.11%
5	0	0%
7	1	5.56%
9	2	11.11%
1/3	0	0%
1/5	0	0%
1/7	0	0%
1/9	0	0%
本题有效填写人次	18	

第 19 题　人车专用道路硬化率相对硬质健身场地面积重要度。

选项	小计	比例
1	1	5.56%
3	11	61.11%
5	1	5.56%
7	1	5.56%
9	2	11.11%
1/3	2	11.11%
1/5	0	0%
1/7	0	0%
1/9	0	0%
本题有效填写人次	18	

第 20 题　人车专用道路硬化率相对生活院落面积重要度。

选项	小计	比例
1	1	5.56%
3	4	22.22%
5	0	0%
7	2	11.11%
9	1	5.56%
1/3	10	55.56%
1/5	0	0%
1/7	0	0%
1/9	0	0%
本题有效填写人次	18	

第 21 题　人车专用道路硬化率相对生活住房面积重要度。

选项	小计	比例
1	0	0%
3	0	0%
5	4	22.22%
7	3	16.67%
9	1	5.56%
1/3	2	11.11%
1/5	8	44.44%
1/7	0	0%
1/9	0	0%
本题有效填写人次	18	

第 22 题　人车专用道路硬化率相对户用卫生厕所普及率重要度。

选项	小计	比例
1	12	66.67%
3	1	5.56%
5	0	0%
7	2	11.11%
9	1	5.56%
1/3	2	11.11%
1/5	0	0%
1/7	0	0%
1/9	0	0%
本题有效填写人次	18	

第 23 题　人车专用道路硬化率相对垃圾收集点服务半径重要度。

选项	小计	比例
1	0	0%
3	9	50%
5	1	5.56%
7	1	5.56%
9	1	5.56%
1/3	6	33.33%
1/5	0	0%
1/7	0	0%
1/9	0	0%
本题有效填写人次	18	

第 24 题　生活污水处理率相对生活用水卫生合格率重要度。

选项	小计	比例
1	1	5.56%
3	3	16.67%
5	1	5.56%
7	1	5.56%
9	1	5.56%
1/3	8	44.44%
1/5	3	16.67%
1/7	0	0%
1/9	0	0%
本题有效填写人次	18	

第 25 题　生活污水处理率相对硬质健身场地面积重要度。

选项	小计	比例
1	0	0%
3	11	61.11%
5	1	5.56%
7	0	0%
9	2	11.11%
1/3	3	16.67%
1/5	0	0%
1/7	0	0%
1/9	1	5.56%
本题有效填写人次	18	

第 26 题　生活污水处理率相对生活院落面积重要度。

选项	小计	比例
1	0	0%
3	3	16.67%
5	1	5.56%
7	2	11.11%
9	1	5.56%
1/3	8	44.44%
1/5	3	16.67%
1/7	0	0%
1/9	0	0%
本题有效填写人次	18	

第 27 题　生活污水处理率相对生活住房面积重要度。

选项	小计	比例
1	0	0%
3	0	0%
5	3	16.67%
7	3	16.67%
9	1	5.56%
1/3	2	11.11%
1/5	9	50%
1/7	0	0%
1/9	0	0%
本题有效填写人次	18	

第 28 题　生活污水处理率相对户用卫生厕所普及率重要度。

选项	小计	比例
1	14	77.78%
3	0	0%
5	1	5.56%
7	2	11.11%
9	1	5.56%
1/3	0	0%
1/5	0	0%
1/7	0	0%
1/9	0	0%
本题有效填写人次	18	

第 29 题　生活污水处理率相对户垃圾收集点服务半径重要度。

选项	小计	比例
1	1	5.56%
3	9	50%
5	1	5.56%
7	1	5.56%
9	2	11.11%
1/3	4	22.22%
1/5	0	0%
1/7	0	0%
1/9	0	0%
本题有效填写人次	18	

第 30 题　生活用水卫生合格率相对硬质健身场地面积重要度。

选项	小计	比例
1	1	5.56%
3	2	11.11%
5	9	50%
7	2	11.11%
9	1	5.56%
1/3	0	0%
1/5	3	16.67%
1/7	0	0%
1/9	0	0%
本题有效填写人次	18	

第 31 题　生活用水卫生合格率相对生活院落面积重要度。

选项	小计	比例
1	0	0%
3	10	55.56%
5	2	11.11%
7	1	5.56%
9	1	5.56%
1/3	4	22.22%
1/5	0	0%
1/7	0	0%
1/9	0	0%
本题有效填写人次	18	

第 32 题　生活用水卫生合格率相对生活住房面积重要度。

选项	小计	比例
1	3	16.67%
3	10	55.56%
5	2	11.11%
7	1	5.56%
9	1	5.56%
1/3	1	5.56%
1/5	0	0%
1/7	0	0%
1/9	0	0%
本题有效填写人次	18	

第 33 题　生活用水卫生合格率相对户用卫生厕所普及率重要度。

选项	小计	比例
1	2	11.11%
3	8	44.44%
5	2	11.11%
7	1	5.56%
9	2	11.11%
1/3	3	16.67%
1/5	0	0%
1/7	0	0%
1/9	0	0%
本题有效填写人次	18	

第 34 题　生活用水卫生合格率相对户垃圾收集点服务半径重要度。

选项	小计	比例
1	1	5.56%
3	2	11.11%
5	1	5.56%
7	2	11.11%
9	8	44.44%
1/3	2	11.11%
1/5	0	0%
1/7	1	5.56%
1/9	1	5.56%
本题有效填写人次	18	

第 35 题　硬质健身场地面积相对生活院落面积重要度。

选项	小计	比例
1	1	5.56%
3	4	22.22%
5	2	11.11%
7	1	5.56%
9	0	0%
1/3	10	55.56%
1/5	0	0%
1/7	0	0%
1/9	0	0%
本题有效填写人次	18	

第 36 题　硬质健身场地面积相对生活住房面积重要度。

选项	小计	比例
1	1	5.56%
3	4	22.22%
5	2	11.11%
7	1	5.56%
9	0	0%
1/3	9	50%
1/5	1	5.56%
1/7	0	0%
1/9	0	0%
本题有效填写人次	18	

第 37 题　硬质健身场地面积相对户用卫生厕所普及率重要度。

选项	小计	比例
1	3	16.67%
3	2	11.11%
5	2	11.11%
7	1	5.56%
9	0	0%
1/3	7	38.89%
1/5	3	16.67%
1/7	0	0%
1/9	0	0%
本题有效填写人次	18	

第 38 题 硬质健身场地面积相对户垃圾收集点服务半径重要度。

选项	小计	比例
1	7	38.89%
3	4	22.22%
5	2	11.11%
7	2	11.11%
9	0	0%
1/3	2	11.11%
1/5	1	5.56%
1/7	0	0%
1/9	0	0%
本题有效填写人次	18	

第 39 题 生活院落面积相对生活住房面积重要度。

选项	小计	比例
1	4	22.22%
3	2	11.11%
5	2	11.11%
7	1	5.56%
9	0	0%
1/3	9	50%
1/5	0	0%
1/7	0	0%
1/9	0	0%
本题有效填写人次	18	

第 40 题 生活院落面积相对户用卫生厕所普及率重要度。

选项	小计	比例
1	0	0%
3	11	61.11%
5	1	5.56%
7	1	5.56%
9	1	5.56%
1/3	4	22.22%
1/5	0	0%
1/7	0	0%
1/9	0	0%
本题有效填写人次	18	

第 41 题 生活院落面积相对户垃圾收集点服务半径重要度。

选项	小计	比例
1	0	0%
3	1	5.56%
5	11	61.11%
7	2	11.11%
9	0	0%
1/3	1	5.56%
1/5	3	16.67%
1/7	0	0%
1/9	0	0%
本题有效填写人次	18	

第 42 题　生活住房面积相对户用卫生厕所普及率重要度。

选项	小计	比例
1	0	0%
3	10	55.56%
5	2	11.11%
7	2	11.11%
9	0	0%
1/3	4	22.22%
1/5	0	0%
1/7	0	0%
1/9	0	0%
本题有效填写人次	18	

第 43 题　生活住房面积相对垃圾收集点服务半径重要度。

选项	小计	比例
1	1	5.56%
3	0	0%
5	2	11.11%
7	11	61.11%
9	1	5.56%
1/3	1	5.56%
1/5	0	0%
1/7	1	5.56%
1/9	1	5.56%
本题有效填写人次	18	

第 44 题　户用卫生厕所普及率相对垃圾收集点半径重要度。

选项	小计	比例
1	1	5.56%
3	10	55.56%
5	1	5.56%
7	3	16.67%
9	0	0%
1/3	3	16.67%
1/5	0	0%
1/7	0	0%
1/9	0	0%
本题有效填写人次	18	

第 45 题　草料种植面积相对生产空间面积重要度。

选项	小计	比例
1	3	16.67%
3	2	11.11%
5	2	11.11%
7	0	0%
9	2	11.11%
1/3	9	50%
1/5	0	0%
1/7	0	0%
1/9	0	0%
本题有效填写人次	18	

第 46 题　草料种植面积相对绿色建筑比例重要度。

选项	小计	比例
1	0	0%
3	1	5.56%
5	13	72.22%
7	0	0%
9	2	11.11%
1/3	0	0%
1/5	2	11.11%
1/7	0	0%
1/9	0	0%
本题有效填写人次	18	

第 47 题　草料种植面积相对清洁能源普及率重要度。

选项	小计	比例
1	0	0%
3	1	5.56%
5	1	5.56%
7	13	72.22%
9	1	5.56%
1/3	0	0%
1/5	0	0%
1/7	2	11.11%
1/9	0	0%
本题有效填写人次	18	

第 48 题　草料种植面积相对便民超市面积重要度。

选项	小计	比例
1	1	5.56%
3	12	66.67%
5	1	5.56%
7	1	5.56%
9	1	5.56%
1/3	2	11.11%
1/5	0	0%
1/7	0	0%
1/9	0	0%
本题有效填写人次	18	

第 49 题　生产空间面积相对绿色建筑比例重要度。

选项	小计	比例
1	1	5.56%
3	1	5.56%
5	1	5.56%
7	12	66.67%
9	2	11.11%
1/3	0	0%
1/5	0	0%
1/7	1	5.56%
1/9	0	0%
本题有效填写人次	18	

第 50 题　生产空间面积相对清洁能源普及率重要度。

选项	小计	比例
1	1	5.56%
3	0	0%
5	1	5.56%
7	0	0%
9	14	77.78%
1/3	0	0%
1/5	0	0%
1/7	0	0%
1/9	2	11.11%
本题有效填写人次	18	

第 51 题　生产空间面积相对便民超市面积重要度。

选项	小计	比例
1	0	0%
3	12	66.67%
5	1	5.56%
7	2	11.11%
9	1	5.56%
1/3	2	11.11%
1/5	0	0%
1/7	0	0%
1/9	0	0%
本题有效填写人次	18	

第 52 题　绿色建筑比例相对清洁能源普及率重要度。

选项	小计	比例
1	0	0%
3	11	61.11%
5	2	11.11%
7	0	0%
9	3	16.67%
1/3	1	5.56%
1/5	1	5.56%
1/7	0	0%
1/9	0	0%
本题有效填写人次	18	

第 53 题　绿色建筑比例相对便民超市面积重要度。

选项	小计	比例
1	0	0%
3	2	11.11%
5	2	11.11%
7	1	5.56%
9	1	5.56%
1/3	12	66.67%
1/5	0	0%
1/7	0	0%
1/9	0	0%
本题有效填写人次	18	

第 54 题　清洁能源普及率相对便民超市面积重要度。

选项	小计	比例
1	0	0%
3	0	0%
5	1	5.56%
7	3	16.67%
9	1	5.56%
1/3	0	0%
1/5	1	5.56%
1/7	9	50%
1/9	3	16.67%
本题有效填写人次	18	

第 55 题　生态环境与健康意识宣传率相对体育活动室面积重要度。

选项	小计	比例
1	1	5.56%
3	12	66.67%
5	1	5.56%
7	0	0%
9	2	11.11%
1/3	1	5.56%
1/5	0	0%
1/7	1	5.56%
1/9	0	0%
本题有效填写人次	18	

第 56 题　生态环境与健康意识宣传相对双语幼儿园面积重要度。

选项	小计	比例
1	1	5.56%
3	2	11.11%
5	1	5.56%
7	1	5.56%
9	1	5.56%
1/3	12	66.67%
1/5	0	0%
1/7	0	0%
1/9	0	0%
本题有效填写人次	18	

第 57 题　生态环境与健康意识宣传率相对公众参与度重要度。

选项	小计	比例
1	1	5.56%
3	0	0%
5	4	22.22%
7	0	0%
9	2	11.11%
1/3	2	11.11%
1/5	9	50%
1/7	0	0%
1/9	0	0%
本题有效填写人次	18	

第58题　生态环境与健康意识宣传率相对文化活动室面积重要度。

选项	小计	比例
1	0	0%
3	13	72.22%
5	1	5.56%
7	1	5.56%
9	1	5.56%
1/3	2	11.11%
1/5	0	0%
1/7	0	0%
1/9	0	0%
本题有效填写人次	18	

第59题　体育活动室面积相对双语幼儿园面积重要度。

选项	小计	比例
1	0	0%
3	0	0%
5	3	16.67%
7	1	5.56%
9	2	11.11%
1/3	1	5.56%
1/5	11	61.11%
1/7	0	0%
1/9	0	0%
本题有效填写人次	18	

第 60 题　体育活动室面积相对公众参与度重要度。

选项	小计	比例
1	0	0%
3	0	0%
5	0	0%
7	5	27.78%
9	1	5.56%
1/3	0	0%
1/5	1	5.56%
1/7	10	55.56%
1/9	1	5.56%
本题有效填写人次	18	

第 61 题　体育活动室面积相对文化活动室面积重要度。

选项	小计	比例
1	15	83.33%
3	0	0%
5	1	5.56%
7	1	5.56%
9	1	5.56%
1/3	0	0%
1/5	0	0%
1/7	0	0%
1/9	0	0%
本题有效填写人次	18	

第 62 题　双语幼儿园面积相对公众参与度重要度。

选项	小计	比例
1	1	5.56%
3	2	11.11%
5	0	0%
7	2	11.11%
9	2	11.11%
1/3	11	61.11%
1/5	0	0%
1/7	0	0%
1/9	0	0%
本题有效填写人次	18	

第 63 题　双语幼儿园面积相对文化活动室面积重要度。

选项	小计	比例
1	1	5.56%
3	2	11.11%
5	10	55.56%
7	1	5.56%
9	2	11.11%
1/3	0	0%
1/5	2	11.11%
1/7	0	0%
1/9	0	0%
本题有效填写人次	18	

第 64 题　公众参与度相对文化活动室面积重要度。

选项	小计	比例
1	1	5.56%
3	0	0%
5	3	16.67%
7	10	55.56%
9	1	5.56%
1/3	0	0%
1/5	0	0%
1/7	2	11.11%
1/9	1	5.56%
本题有效填写人次	18	

第 65 题　卫生所面积相对兽医站工作人员人数重要度。

选项	小计	比例
1	1	5.56%
3	0	0%
5	0	0%
7	13	72.22%
9	1	5.56%
1/3	1	5.56%
1/5	0	0%
1/7	2	11.11%
1/9	0	0%
本题有效填写人次	18	

第 66 题 卫生所面积相对通电覆盖率重要度。

选项	小计	比例
1	0	0%
3	11	61.11%
5	1	5.56%
7	0	0%
9	2	11.11%
1/3	4	22.22%
1/5	0	0%
1/7	0	0%
1/9	0	0%
本题有效填写人次	18	

第 67 题 卫生所面积相对通话覆盖率重要度。

选项	小计	比例
1	0	0%
3	11	61.11%
5	1	5.56%
7	2	11.11%
9	1	5.56%
1/3	3	16.67%
1/5	0	0%
1/7	0	0%
1/9	0	0%
本题有效填写人次	18	

第 68 题　卫生所面积相对公共厕所服务半径重要度。

选项	小计	比例
1	1	5.56%
3	0	0%
5	12	66.67%
7	2	11.11%
9	1	5.56%
1/3	0	0%
1/5	2	11.11%
1/7	0	0%
1/9	0	0%
本题有效填写人次	18	

第 69 题　卫生所面积相对通广播电视覆盖率重要度。

选项	小计	比例
1	0	0%
3	12	66.67%
5	1	5.56%
7	2	11.11%
9	1	5.56%
1/3	2	11.11%
1/5	0	0%
1/7	0	0%
1/9	0	0%
本题有效填写人次	18	

第 70 题　兽医站工作人员人数相对通电覆盖率重要度。

选项	小计	比例
1	0	0%
3	0	0%
5	3	16.67%
7	1	5.56%
9	1	5.56%
1/3	1	5.56%
1/5	12	66.67%
1/7	0	0%
1/9	0	0%
本题有效填写人次	18	

第 71 题　兽医站工作人员人数相对通话覆盖率重要度。

选项	小计	比例
1	0	0%
3	1	5.56%
5	2	11.11%
7	2	11.11%
9	1	5.56%
1/3	2	11.11%
1/5	10	55.56%
1/7	0	0%
1/9	0	0%
本题有效填写人次	18	

第72题 兽医站工作人员人数相对公共厕所服务半径重要度。

选项	小计	比例
1	1	5.56%
3	3	16.67%
5	0	0%
7	3	16.67%
9	0	0%
1 3	11	61.11%
1 5	0	0%
1 7	0	0%
1 9	0	0%
本题有效填写人次	18	

第73题 兽医站工作人员人数相对通广播电视覆盖率重要度。

选项	小计	比例
1	0	0%
3	0	0%
5	3	16.67%
7	1	5.56%
9	1	5.56%
1/3	1	5.56%
1/5	12	66.67%
1/7	0	0%
1/9	0	0%
本题有效填写人次	18	

第 74 题　通电覆盖率相对通话覆盖率重要度。

选项	小计	比例
1	14	77.78%
3	0	0%
5	1	5.56%
7	1	5.56%
9	1	5.56%
1/3	1	5.56%
1/5	0	0%
1/7	0	0%
1/9	0	0%
本题有效填写人次	18	

第 75 题　通电覆盖率相对通广播电视覆盖率重要度。

选项	小计	比例
1	9	50%
3	5	27.78%
5	2	11.11%
7	1	5.56%
9	1	5.56%
1/3	0	0%
1/5	0	0%
1/7	0	0%
1/9	0	0%
本题有效填写人次	18	

第 76 题　通电覆盖率相对公共厕所服务半径重要度。

选项	小计	比例
1	6	33.33%
3	7	38.89%
5	1	5.56%
7	1	5.56%
9	1	5.56%
1/3	2	11.11%
1/5	0	0%
1/7	0	0%
1/9	0	0%
本题有效填写人次	18	

第 77 题　通话覆盖率相对公共厕所服务半径重要度。

选项	小计	比例
1	1	5.56%
3	12	66.67%
5	1	5.56%
7	1	5.56%
9	1	5.56%
1/3	2	11.11%
1/5	0	0%
1/7	0	0%
1/9	0	0%
本题有效填写人次	18	

第 78 题　通话覆盖率相对通广播电视覆盖率重要度。

选项	小计	比例
1	14	77.78%
3	1	5.56%
5	1	5.56%
7	2	11.11%
9	0	0%
1/3	0	0%
1/5	0	0%
1/7	0	0%
1/9	0	0%
本题有效填写人次	18	

第 79 题　公共厕所服务半径相对通广播电视覆盖率重要度。

选项	小计	比例
1	1	5.56%
3	1	5.56%
5	1	5.56%
7	0	0%
9	2	11.11%
1/3	12	66.67%
1/5	1	5.56%
1/7	0	0%
1/9	0	0%
本题有效填写人次	18	

附录 E：访谈样表

草原牧区生态移民定居点绿色营建模式研究调研访谈样卷

生态移民定居点名称：

时间：2019 年　月　日　时　分

天气：　　　　　　　温湿度：

本人是内蒙古科技大学"内蒙古农村牧区生态适宜研究课题组"成员，需要建立生态移民定居点的绿色营建体系，为了提高牧民的生活质量，并能以可持续发展的观念利用资源，保护生态，特建立此问卷调查。表中内容作为项目研究的参考依据，仅供参考，不做其他用途，谢谢您的参与。

1. 每到雨季，草原是否有洪水，您是如何防洪的？
2. 每年当中，什么季节的风（冬季风）最大，有多大？有什么防风措施吗？
3. 夏季通风是否利于生产和生活，如何利用风环境？（选址和聚落）对于个人家庭如何做？（建筑单体）
4. 从环境气候角度出发，与其他定居点相比，本定居点存在哪些利弊？
5. 定居点周边有河流么，您是如何利用水的？（生产）家庭吃水问题怎么解决的，水源位置在哪里？（生活）
6. 以前该定居点处的土地是做什么的？（土地利用）
7. 定居点附近存在什么样的自然灾害？（场地安全）
8. 墙体、门窗、地面铺装和屋顶结构的材料是哪里产出的？
9. 墙体是否有防潮、防水和保温等做法，是如何实施的？
10. 墙体的维护能否适应冬夏两季的冷热气候，其舒适感如何？
11. 室内的地面铺装是如何做的？（构造做法）有地暖吗？
12. 屋顶防冬季风的策略如何？如何取暖？